高等院校
信息技术应用型
规划教材

U0384674

计算机导论实验指导

（第3版）

刘云翔　马智娴　周兰凤
柏海芸　石艳娇　李晓丹　编著
王　辉　李文举　于万钧

清华大学出版社
北京

内 容 简 介

本书作为《计算机导论(第 3 版)》教材的配套实验用书,旨在加深学生对学习基础知识和基本概念的理解,提高运用应用软件解决实际问题的动手能力。本书实验内容包括:DOS 操作系统常用命令、Windows 7 基本操作、Windows 7 文件操作及应用、常用工具软件的使用、Word 2010 基本操作、Excel 2010 基本操作、PowerPoint 2010 基本操作、Internet 应用及 VB. NET 程序设计基础。教学内容设计兼顾不同程度学生需要。本书的实验素材文件可从 http://www.tup.com.cn 下载。

本书可作为高等院校各专业教材,也可作为高职高专计算机相关专业教材,还可供计算机入门者阅读参考。

图书在版编目(CIP)数据

计算机导论实验指导/刘云翔等编著. —3 版. —北京:清华大学出版社,2017(2022.8重印)
(高等院校信息技术应用型规划教材)
ISBN 978-7-302-48151-5

Ⅰ. ①计… Ⅱ. ①刘… Ⅲ. ①电子计算机—高等学校—教学参考资料 Ⅳ. ①TP3

中国版本图书馆 CIP 数据核字(2017)第 202067 号

责任编辑:孟毅新
封面设计:傅瑞学
责任校对:刘 静
责任印制:杨 艳

出版发行:清华大学出版社
    网   址:http://www.tup.com.cn,http://www.wqbook.com
    地   址:北京清华大学学研大厦 A 座   邮   编:100084
    社 总 机:010-83470000   邮   购:010-62786544
    投稿与读者服务:010-62776969,c-service@tup.tsinghua.edu.cn
    质量反馈:010-62772015,zhiliang@tup.tsinghua.edu.cn
    课件下载:http://www.tup.com.cn,010-62770175-4278
印 装 者:三河市天利华印刷装订有限公司
经   销:全国新华书店
开   本:185mm×260mm   印   张:5.75   字   数:125 千字
版   次:2011 年 9 月第 1 版   2017 年 8 月第 3 版   印   次:2022 年 8 月第 6 次印刷
定   价:18.00 元

产品编号:076775-01

第3版 前言 PREFACE

计算机导论是学习计算机专业知识的入门课程,是对计算机专业知识体系进行的系统阐述。其重要作用在于让学生了解计算机专业知识能解决什么问题?作为计算机专业的学生应该学什么?如何学?一名合格的计算机专业大学毕业生应该具备什么样的素质和能力?

计算机导论课程目标是:为计算机学院各专业的新生提供关于计算机基础知识和技能的入门介绍,使他们能对该学科有一个整体的认识,知道在四年的本科学习中需要学习哪些课程、哪些专业知识;这些课程之间有什么联系;并了解作为该学科的学生应具有的基本知识和技能以及在该领域工作应有的职业道德和应遵守的法律准则。

本实验指导旨在通过实验提高运用应用软件解决实际问题的动手能力。使用时,基础薄弱的学生可以多参考范例,基础较好的学生可直接进入实验内容。

本实验指导教材各实验所需的软件环境如下。

- Windows 7。
- Word 2010。
- Excel 2010。
- PowerPoint 2010。
- 中文版 WinRAR。
- Daemon Tools。
- Windows 优化大师。
- Internet Explorer 8.0 以上。

在编写本实验指导教材的过程中,编者参考了大量文献,在此向有关的作者表示衷心的感谢。

本实验指导教材由刘云翔、周兰凤、柏海芸等提出结构安排、编写思路,并审阅了全书。

由于编者水平有限,书中难免有不足之处,欢迎读者批评指正。

上海应用技术学院

2017 年 7 月

目录
CONTENTS

实验 1　DOS 操作系统常用命令

一、实验目的

1. 掌握 DOS 操作系统。
2. 熟练使用 DOS 文件和目录的常用操作命令。
3. 理解外部命令、内部命令和批处理命令的区别。

二、实验范例

1. 进入 DOS 环境

选择"开始"|"运行"命令,在"打开"栏中输入 cmd 后单击"确定"按钮 ,即进入命令行界面,如图 1.1 所示。或在"附件"中选择"命令提示符"命令也可进入命令行界面。

图 1.1　进入命令行界面

2. DOS 下的文本交换

怎样将 DOS 环境下的文本内容在自己的实验报告中显示?

在"命令提示符"窗口的左上角单击窗口控制图标,选择"编辑"|"全选"命令,然后选择"复制"命令,再选择"粘贴"命令,就可以将窗口中的文本内容粘贴到自己的文档中。如图 1.2 和图 1.3 所示。

三、实验内容

1. 进入 DOS 环境。
2. 在 D 盘根目录下,建立如下所示的多级目录。

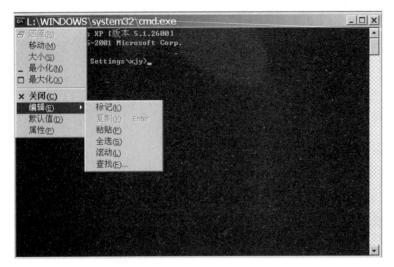

图 1.2　进入编辑界面

图 1.3　粘贴后的结果

D:\ex1_1\ex1_2\ex1_3
D:\ex2_1\ex2_2\ex2_3
D:\ex3_1\ex3_2
D:\ex3_1\ex3_3

3. 在 C:\Windows 目录下的扩展名为.txt 的文件中,任选若干个文件复制到 D:\ex1_1\ex1_2\ex1_3 目录下。

4. 切换到当前目录 D:\ex1_1\ex1_2\ex1_3,使用 dir 命令观察这个目录中的内容,用命令查看其中字节数最大的文本文件的内容,然后修改此文件名为 maxsize.txt。

5. 将 C:\Windows\inf 目录下以 m 开头的扩展名为.inf 文件复制到 D:\ex2_1\ex2_2 目录下。删除其中文件名字符数少于 5 个(包括 5 个字符的)的文件。

6. 列出 D:\ex1_1\ex1_2\ex1_3 目录中的内容,并将它复制到实验报告中的实验结果一栏中。

7. 列出 D:\ex2_1\ex2_2 目录中的内容,并将它复制到实验报告中的实验结果一栏中。

8. 删除目录 D:\ex1_1\ex1_2,然后列出 D:\ex1_1 目录中的内容,并将它复制到实验报告中的实验结果一栏中。

四、实验后思考

1. 实验后有何体会和收获?
2. 试分析 DOS 系统与 Windows 系统的差异。

实验 2　Windows 7 基本操作

一、实验目的

1. 掌握 Windows 7 的启动、退出操作及基本操作。
2. 掌握 Windows 7 桌面、窗口和菜单的组成和操作。
3. 掌握 Windows 7 控制面板的设置。
4. 掌握 Windows 7 的一些基本参数设置。

二、实验范例

1. Windows 7 的启动

(1) Windows 7 的正常启动。

检查计算机连接设备,先开启显示器电源,再开启主机电源。

(2) 进入 Windows 7 安全模式。

启动 Windows 7 时,按 F8 键,在 Windows 高级选项菜单中使用↑或↓键将白色光带移动到"安全模式"选项上,按 Enter 键进入安全模式。

(3) Windows 7 重新启动的操作。

方法一:按主机箱上的 Reset 键。

方法二:启动 Windows 7 后,连续按两次 Ctrl+Alt+Del 组合键。

2. Windows 7 的关闭

(1) 保存所有需要保存的数据。

(2) 关闭所有正在运行的应用程序。

(3) 关闭计算机。

打开"开始"|"关机"子菜单,如图 2.1 所示。

① 选择"切换用户"命令,在不注销当前用户的情况下重新登录。

② 选择"注销"命令,关闭当前用户。

③ 选择"重新启动"命令,则在不关闭主机电源的情况下重新启动 Windows 7。

④ 选择"休眠"命令,则 Windows 7 进入睡眠状态,节省计算机电源和资源,按任意键或动一下鼠标即可随时恢复正常状态。

3. Windows 7 桌面的操作

Windows 7 中将整个屏幕称为"桌面",是用户操作的工作环境,如图 2.2 所示。

1) 桌面图标的操作

桌面是 Windows 7 的屏幕工作区,桌面的几种常用工具有"计算机""网络"及"回收站"。

在桌面的左边,有若干个上面是图形、下面是文字说明的组合,这种组合称为图标。用户可以双击图标,或者右击图标在弹出的快捷菜单中选择"打开"命令来执行相应的程序。

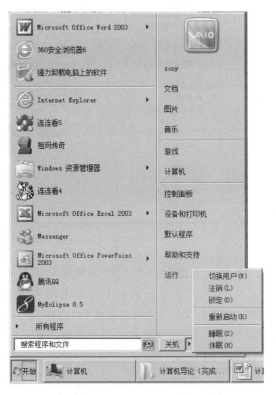

图 2.1　"关机"子菜单

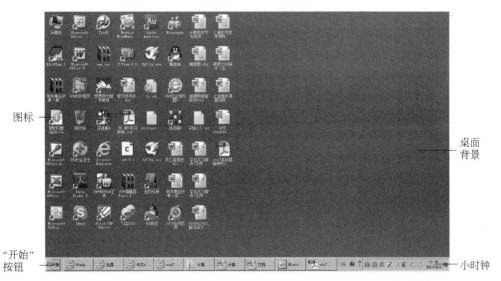

图 2.2　Windows 7 桌面

2）整理桌面图标

右击桌面空白处，弹出的快捷菜单如图 2.3 所示。

在弹出的快捷菜单中选择"个性化"命令，对桌面进行整理，如图 2.4 所示。

图 2.3　"个性化"命令　　　　　　图 2.4　Windows 7 桌面个性化界面

在快捷菜单中单击"个性化",然后在弹出的设置窗口中单击左侧的"更改桌面图标"。在默认状态下,Windows 7 安装之后桌面上保留了回收站的图标。在 Windows 7 中,XP 系统下"我的电脑"和"我的文档"已相应改名为"计算机""用户的文件",因此在如图 2.5 所示这里勾选对应的选项,桌面便会重现这些图标。

图 2.5　Windows 7 桌面图标设置

在弹出的快捷菜单中选择"排列方式"命令,对图标按名称、按项目类型、按大小、按修改日期、自动排列等方式进行排列。

3) 主题的选择

选择"主题"选项卡,在"主题"下拉列表框中选择"Windows 7 Basic"经典选项,单击"应用"按钮,观察桌面变化。

4) 背景的选择

选择"桌面背景"选项卡,通过"图片位置"下拉列表框选择"纯色""Windows 桌面背景"及一幅系统默认的图片或将自己喜爱的图片作为桌面墙纸,并选择居中、平铺或拉伸的显示方式,如图 2.6 所示。单击"保存修改"按钮,观察桌面变化。

图 2.6　Windows 7 桌面背景的设置

5) 屏幕保护程序的选择

选择"屏幕保护程序"选项卡,在"屏幕保护程序"列表框中选择任意一种屏幕保护程序,如"三维文字",单击"预览"按钮,预览屏幕保护程序。调整等待时间,如"5 分钟",也可以选择"在恢复时使用密码保护"复选框,单击"确定"按钮,即完成屏幕保护程序的设置,如图 2.7 所示。

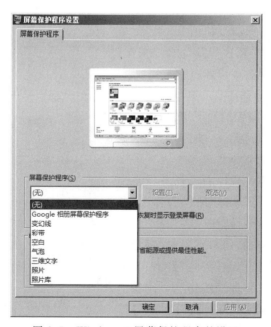

图 2.7　Windows 7 屏幕保护程序的设置

6) 窗口外观的选择

选择"窗口颜色和外观"选项卡,在"项目"下拉列表框中,选择"桌面"选项,再设置其颜色、字体、大小、字体颜色等,单击"确定"按钮,观察窗口变化,如图 2.8 所示。

图 2.8　Windows 7 窗口颜色和外观的设置

7) "开始"按钮的操作

位于桌面左下角带有 Windows 图标的就是"开始"按钮。单击"开始"按钮后,就会显示"开始"菜单,如图 2.9 所示。利用"开始"菜单可以运行程序、打开文档及执行其他常规操作。用户所要做的工作几乎都可以通过它来完成。

8) 任务栏的主要操作

任务栏通常放置在桌面的最下端,如图 2.10所示。任务栏包括"开始"菜单、快速启动栏、任务切换栏和指示器栏 4 部分。

(1) 任务栏属性的设置。右击任务栏空白处,在打开的快捷菜单中选择"属性",弹出"任务栏和'开始'菜单属性"对话框。

在"任务栏"选项卡中,用户可以对"锁定任务栏""自动隐藏任务栏""将任务栏保持在其他窗口的前端""分组相似任务栏按钮""显示快速启动"和"显示时钟""隐藏不活动的图标"等选项进行设置。在"开始菜单"选项卡中,用户可

图 2.9　Windows 7 的"开始"界面

图 2.10   Windows 7 任务栏

以对"开始"菜单的风格进行设置。设置完成后,单击"确定"按钮,注意变化。

(2)任务栏高度的调整。将鼠标指针指向任务栏的上边缘处,待光标变成双向箭头形状时,上、下拖动边缘可以改变任务栏的高度,但最高只可调整至桌面的1/2 处。

(3)任务栏位置的调整。任务栏默认位置在桌面的底部,如果需要,也可以将任务栏移动到桌面的顶部或两侧。方法是:将鼠标指针指向任务栏的空白处,按下鼠标左键向桌面的顶部或者两侧拖动,然后释放左键。

(4)快速启动栏项目的调整。将桌面图标直接拖向任务栏的快速启动栏区域内,就可将其加入快速启动栏内。同样,也可以将快速启动栏内的图标拖到桌面上,或者右击快速启动栏内的某一图标,从弹出的快捷菜单中选择"删除"命令,即可将该图标从快速启动栏内删除。

4. 设置显示属性

(1)在桌面空白处右击,在弹出的快捷菜单中选择"屏幕分辨率",可以设置具有个性化的桌面属性,如图 2.11 所示。

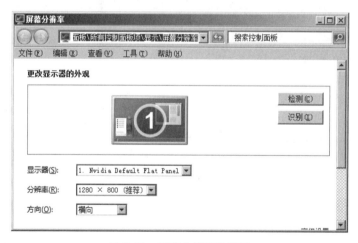

图 2.11   屏幕分辨率的设置

(2)选择"开始"|"控制面板"|"显示",可以设置更多的具有个性化的桌面属性,如图 2.12 所示。

5. 图标和快捷方式的操作

(1)选定图标或快捷方式:单击某一图标,该图标颜色变深,即被选定。

(2)移动图标或快捷方式:将鼠标指针移动到某一图标上,按住鼠标左键不放,拖动图标到某一位置后再释放,图标就被移动到该位置。

(3)执行图标或快捷方式:双击图标或快捷方式就会执行相应的程序或文档。

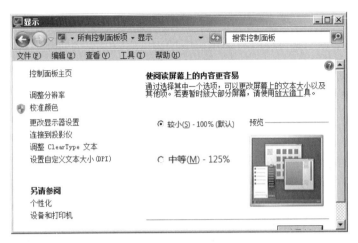

图 2.12   "控制面板"中的"显示"属性设置

（4）复制图标或快捷方式：要把窗口中的图标或快捷方式复制到桌面上，可以按住
Ctrl 键不放，然后拖动图标或快捷方式到指定的位置上，再释放 Ctrl 键和鼠标，即可完成
图标或快捷方式的复制。

（5）删除图标或快捷方式：先选定要删除的图标或快捷方式，按 Delete 键即可删除。

（6）快捷方式的建立：右击对象，在弹出的快捷菜单中选择"发送到桌面快捷方式"
命令即可。

6. 窗口操作

1）移动窗口的操作

方法一：双击"计算机"图标，打开窗口，如图 2.13 所示，按住鼠标左键直接拖动窗口
的标题栏到指定的位置。

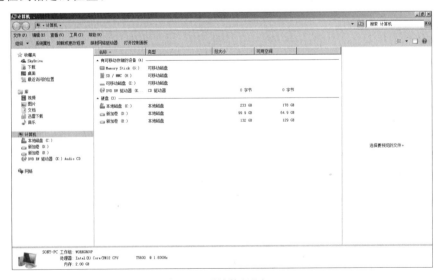

图 2.13   "计算机"窗口

方法二：双击"计算机"图标，打开窗口，按 Alt＋Space 组合键，打开系统控制菜单，使用箭头键选择"移动"命令。使用箭头键将窗口移动到指定的位置上，按 Enter 键。

2) 窗口最大化、最小化的操作

(1) 最大化窗口

方法一：打开"计算机"窗口，单击窗口标题栏右上角的"最大化"按钮。

方法二：打开"计算机"窗口，单击窗口标题栏左上角的系统控制菜单图标，选择"最大化"选项。

方法三：打开"计算机"窗口，双击窗口标题栏，可以在窗口最大化和恢复原状之间切换。

(2) 最小化窗口

方法一：打开"计算机"窗口，单击窗口标题栏右上角的"最小化"按钮。

方法二：打开"计算机"窗口，单击窗口标题栏左上角的系统控制菜单图标，选择"最小化"选项。

单击任务栏上的应用程序图标，可以在窗口最小化和恢复原状之间切换。

3) 改变窗口尺寸

打开"计算机"窗口，把鼠标指针移动到窗口边框并拖动，将窗口尺寸改变为任意大小。

4) 窗口滚动条

打开"控制面板"窗口，缩小"控制面板"窗口，使窗口的右边及下边都出现滚动条。用鼠标拖动滚动条，查看窗口中的信息。

5) 关闭窗口

方法一：打开"计算机"窗口，单击窗口标题栏上的"关闭"按钮。

方法二：打开"计算机"窗口，单击窗口标题栏左上角的系统控制菜单图标，选择"关闭"命令。

方法三：打开"计算机"窗口，右击窗口标题栏，在弹出的快捷菜单中选择"关闭"命令。

方法四：打开"计算机"窗口，按 Alt＋F4 组合键。

方法五：打开"计算机"窗口，右击任务栏中的窗口按钮，在弹出的快捷菜单中选择"关闭"命令。

方法六：打开"计算机"窗口，单击窗口"文件"菜单，选择"关闭"命令。

7. 菜单和快捷菜单的操作

(1) 打开"计算机"窗口，逐个执行菜单栏中各菜单命令，熟悉菜单命令的作用。

(2) 在菜单栏中选择"查看""详细信息"命令，观察窗口中文件和文件夹的显示方式。

(3) 在菜单栏中选择"查看""小图表"命令，观察窗口中文件和文件夹的显示方式。

(4) 在菜单栏中选择"帮助""查看帮助"命令，弹出"帮助"对话框，在其中找到

Windows 7 的简单使用说明,如图 2.14 所示。关闭"帮助"窗口。

（5）在桌面上右击"计算机"图标,在弹出的快捷菜单中选择"属性"选项,弹出"系统"对话框。关闭"系统"对话框。

（6）关闭"计算机"窗口。

8."控制面板"的操作

1）控制面板的启动

启动控制面板的方法很多,最常用的有下列 3 种。

方法一:在桌面上右击"计算机"图标,在弹出的快捷菜单中选择"属性"选项,弹出"系统"窗口,单击"控制面板"选项。

方法二:选择"开始"|"控制面板"选项。

方法三:右击桌面空白处,在弹出的快捷菜单中选择"个性化"|"控制面板"选项。

图 2.14　"帮助"窗口

"控制面板"启动后,出现如图 2.15 所示的窗口。"控制面板"窗口列出了 Windows 提供的所有用来设置计算机的选项,常用的选项包括:"日期和时间""显示""程序和功能""键盘""鼠标"和"声音",等等。

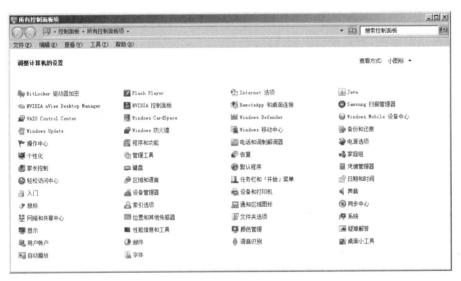

图 2.15　"所有控制面板项"窗口

2）系统的管理

启动"控制面板"后,单击"系统"图标,出现如图 2.16 所示的窗口。

用户可以看到当前计算机系统的 Windows 版本、注册信息、CPU 型号以及内存容量等信息。可以单击"更改设置"按钮来修改计算机的标识,也即在网络上访问这台计算机应使用的名称。

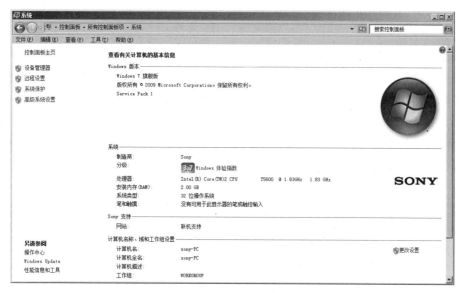

图 2.16　"系统"属性窗口

在"设备管理器"选项卡中,用户可以查看硬件设备。也可以通过"高级系统设置"进行系统属性的设置。

3）鼠标的设置

启动"控制面板"后,单击"鼠标"图标,会出现如图 2.17 所示的对话框。

图 2.17　"鼠标 属性"对话框

（1）设置鼠标键。通常人们习惯用右手使用鼠标进行操作,但也有人习惯使用左手,Windows 提供了可以设置右手、左手鼠标的方法。

在"鼠标键配置"组中,选定"切换主要和次要的按钮"复选框,则选择了左手鼠标。

再使用鼠标时,在操作上所称的"单击""双击"均为鼠标的右键,而快捷菜单则为按鼠标的左键。

在该选项卡上,用户还可以调整双击时的时间间隔。速度越快,则双击时间间隔的时间就要求越短。调整方法是将速度表示指针拖动到适当的位置。可以双击右侧的文件夹图标来测试双击的速度。

(2)鼠标指针的设置。在"鼠标 属性"对话框中选择"指针"选项卡,可以在"方案"栏中选择一种鼠标外形方案,也可以在"自定义"框中选择一种状态,再单击"浏览"按钮来单独为那种状态选择一种指针形状,最后单击"确定"按钮。

4)声音的设置

(1)选择"声音",出现如图 2.18 所示的"声音"对话框。

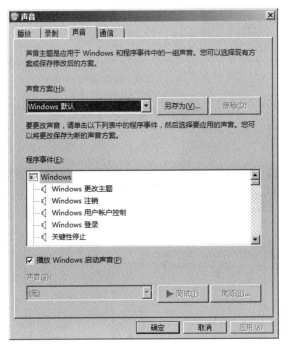

图 2.18　"声音"对话框

(2)在"声音方案"下拉框中选择声音方案;在"程序事件"选项中,选择需要发出声音的事件;在"声音"选项中,选择该事件发生时需要发出的声音,并单击"确定"按钮。

5)打印机的设置

打印机是常用的一种输出设备,下面介绍通过控制面板进行添加打印机的方法。

(1)在控制面板中选择"设备和打印机"选项,打开如图 2.19 所示的"设备和打印机"窗口。选择"添加打印机"选项,则进入"添加打印机"向导程序,如图 2.20 所示。

(2)选择"添加本地打印机",则指将打印机与用户正设置的机器相连接。

(3)选择"添加网络、无线或 Bluetooth 打印机"是指打印机没有连接在用户正使用

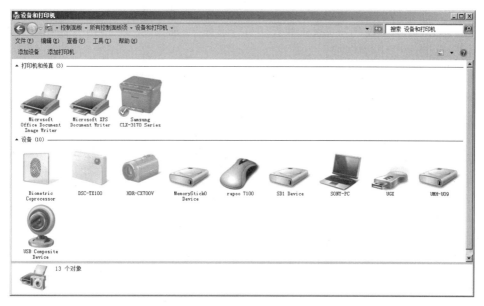

图 2.19　"设备和打印机"窗口

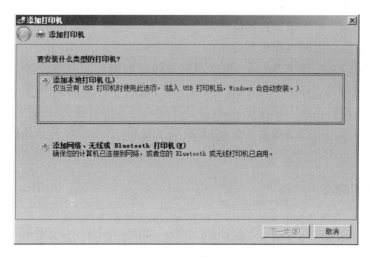

图 2.20　添加打印机向导

的计算机上,而是连接在通过网络连接的其他计算机上。

(4) 单击"下一步"按钮,设置打印机的连接端口。一般选 LPT1,再单击"下一步"按钮。

(5) 选择打印机"厂商"与打印机"型号"。该步骤为安装打印机的驱动程序。若列表中没有对应的打印机型号和厂商,则应选择从磁盘安装方式。

(6) 在出现的对话框中为该打印机设置一个名称。

(7) 单击"下一步"按钮后,选择是否打印测试页。

(8) 单击"完成"按钮,就会给出刚刚安装完的打印机的有关信息。

6）添加新硬件

（1）单击"控制面板"中的"设备和打印机"，选择"添加设备"命令，则会打开如图2.21所示的"添加设备"向导对话框。

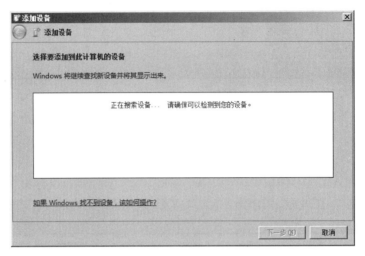

图2.21 "添加设备"向导对话框

（2）向导提示用户关闭所有的应用程序。

（3）向导检测新的即插即用型设备。

（4）向导询问是否让 Windows 自己检测新的即插即用兼容型设备，一般用户单击"是"按钮让系统检测。

（5）如果检测到了新的硬件设备，向导会显示检测到的新设备，再进行安装。

（6）如果检测不到新的硬件设备，则必须手工安装，需要用户选择硬件类型、产品厂商和产品型号。

三、实验内容

1. 通过实验范例，练习 Windows 7 的启动、退出及基本操作。

2. 通过实验范例，练习图标、快捷方式、开始按钮、任务栏的操作方法和步骤。

3. 通过实验范例，练习窗口、菜单、对话框等内容的操作方法和步骤。

4. 通过实验范例，练习"控制面板"的设置，包括系统的设置，鼠标的设置，声音的设置，安装打印机，添加新硬件等。

5. 试调整自己的计算机桌面系统的布置，移动并重新排列图标。

6. 将活动窗口的背景设为浅灰色。

7. 将显示分辨率设为 1024×768 像素，16 位色。

四、实验后思考

1. 中文 Windows 7 窗口主要由哪些部分组成？

2. 有哪些方法可以增加或减少图标？

3. 窗口和对话框有什么联系和区别?

4. 在中文 Windows 7 中,鼠标有多种操作方式,总结一下,单击、双击、拖动等通常用在什么场合? 在什么情况下使用鼠标右键?

5. 在一些菜单命令中,有些命令是深色、有些命令是暗灰色、有些命令后面还跟有字母或组合键。它们分别表示什么含义?

6. 在浏览栏中"+""-"各代表什么?

7. 如果把某一图标的快捷方式删除,原程序会怎样?

8. 属性是只读,表明是什么意思?

9. 实验后有何体会和收获?

实验 3 Windows 7 文件操作及应用

一、实验目的

1. 理解中文 Windows 7 文件管理的基本概念及管理功能。
2. 掌握在资源管理器中进行文件、磁盘操作的基本方法。
3. 学会使用一种中文输入法,能够在"写字板"内进行简单的文字编辑。
4. 学会使用"Windows 7 帮助"。

二、实验范例

1. 资源管理器的启动

方法一:单击"开始"按钮,选择"计算机"。

方法二:在桌面上右击"计算机"或"用户的文件"或双击"回收站"图标。

方法三:按 Windows+E 组合键,弹出"计算机"窗口(资源管理器),如图 3.1 所示。

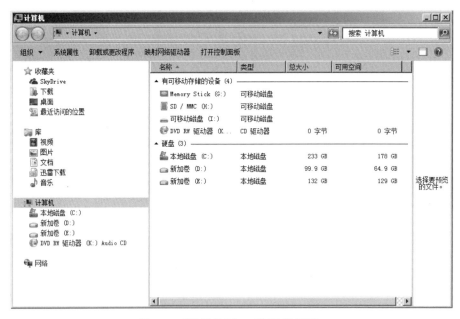

图 3.1 "计算机"窗口(资源管理器)

2. 文件夹和文件的操作

1) 选定文件夹或文件

Windows 7 中选定的文件夹或文件以反白显示。选择方法如下。

(1) 单个目标的选择:直接在图标上单击。

（2）多个连续目标的选择：先单击要选的第一个图标，然后按住 Shift 键，再单击要选择的最后一个文件夹或文件图标。

（3）全选：选择"编辑"|"全部选中"命令，或按 Ctrl＋A 组合键。

（4）多个不连续目标的选择：按住 Ctrl 键逐个单击要选取的文件夹或文件。

（5）反向选择：先选中一个或多个文件夹或文件，然后选择"编辑"|"反向选择"命令，则原来没有选中的都选中了，而原来选中的都变为没选中。

（6）取消选择：在空白处单击，则会取消选择。

2）新建文件夹或文件

方法一：在文件夹列表框选择新建文件夹的上级文件夹，然后选择"文件"|"新建"|"文件夹"命令，接着文件内容列表框区会出现一个"新建文件夹"图标，输入文件名，然后按 Enter 键或在空白处单击。

方法二：在文件夹列表窗口选择新建文件夹的上级文件夹，在文件内容列表窗口的空白处右击，在弹出的快捷菜单中选择"新建文件夹"命令，在文件内容列表窗口出现一个"新建文件夹"图标，输入文件名，然后按 Enter 键或在空白处单击。

3）打开文件夹或文件

要打开文件夹或文件，可以采用下述任何一种方法。

（1）在文件窗口双击要打开对象的图标。

（2）选定待打开的对象，选择"文件"|"打开"命令。

（3）在待打开的对象上右击，在弹出的快捷菜单中选择"打开"命令。

（4）选中待打开的对象后，按 Enter 键。

4）复制、移动文件夹或文件

复制是指原来位置上的文件夹或文件仍然保留，在新位置上建立一个与原来位置的文件夹或文件一样的副本；移动是指文件夹或文件从原来的位置上消失，而出现在新位置上。具体方法有以下 6 种。

（1）鼠标左键拖动法

移动文件夹或文件：选中要操作的对象，如果在同一驱动器上移动对象，则直接把对象拖到目标位置。如果在不同驱动器上移动对象，按住 Shift 键，然后将选中的对象拖到目标位置，之后松开 Shift 键和鼠标左键。

复制文件夹或文件：选中要操作的对象，如果在同一驱动器上复制对象，按住 Ctrl 键，然后将选定的文件夹拖到目标位置。如果在不同驱动器上复制对象，直接把对象拖动到目标位置。

（2）鼠标右键拖动法

右键拖放选定的对象，在弹出的快捷菜单中选择"复制到当前位置"或"移动到当前位置"选项。

（3）"编辑"菜单法

选中要操作的对象，选择"编辑"|"复制"或"移动"命令，然后在目标位置上选择"编辑"|"粘贴"命令。

（4）快捷菜单法

选中要操作的对象，右击，在弹出的快捷菜单中选择"剪切"（等同于移动操作）或"复制"命令，然后在目标位置上右击，在弹出的快捷菜单中选择"粘贴"命令。

（5）组合键法

选中要操作的对象，按 Ctrl＋C 组合键完成复制操作，若按 Ctrl＋X 组合键等同于"剪切"操作，然后在目标位置上按 Ctrl＋V 组合键。

（6）将对象发送到指定位置

选中要操作的对象，右击，在弹出的快捷菜单中选择"发送到"命令，如"发送到 3.5 软盘(A)"，即可将对象复制到指定的软盘中。

5）修改文件夹或文件名

选中要修改的对象，选择"文件"|"重命名"命令，或右击，在弹出的快捷菜单中选择"重命名"命令，或者在对象上单击，待变成反显加框状态后，输入新的名称，然后按 Enter 键或在空白处单击。若刚改名后又要恢复原来的名称，可选择"编辑"|"撤销重命名"命令。

6）删除文件夹或文件

选中要删除的对象，选择"文件"|"删除"命令或在对象上右击，在弹出的快捷菜单中选择"删除"，或者选中后按 Delete 键，若要删除，在出现的确认对话框中单击"是"按钮，否则单击"否"按钮。如果删除的信息不需要放在"回收站"，可在选择"删除"命令时按下 Shift 键。

需要注意的是，如果删除的是软盘、U 盘、移动硬盘或者网络上的文件，将不经过回收站，直接删除且不可恢复。

7）显示和修改设置文件夹或文件的属性

在文件夹或文件上右击，在弹出的快捷菜单中选择"属性"命令。打开文件夹的属性对话框，如图 3.2 所示。图 3.2 中的"常规"选项卡将显示文件大小、位置、类型等。另外还可设置文件夹或文件为只读、隐藏、存档等，以实现文件夹或文件的读写保护。

文件夹属性对话框中的"共享"选项卡，用来设置文件夹的共享属性以供网上其他用户访问。如果选中"共享该文件夹"，则"共享名"文本框显示了当前文件夹的名称。"用户数限制"可以设置为"最多用户"，即所有用户可以访问，而"允许"是限制用户个数的。

"权限"按钮可以设置网上注册用户对该文件夹的权限。

3. 回收站的操作

从硬盘上删除的内容将被放到"回收站"内。有关"回收站"的操作如下。

1）清空"回收站"

方法一：右击桌面上的"回收站"图标，在

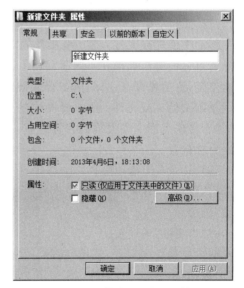

图 3.2   文件夹的属性对话框

弹出的快捷菜单中选择"清空回收站"命令。

方法二：双击桌面上的"回收站"图标，打开"回收站"窗口，选择"文件"|"清空回收站"命令。

2）彻底删除某个文件夹或文件

方法一：双击桌面上的"回收站"图标，打开"回收站"窗口，选中要彻底删除的文件夹或文件，再选择"文件"|"删除"命令。

方法二：双击桌面上的"回收站"图标，打开"回收站"窗口，右击要彻底删除的文件夹或文件，在弹出的快捷菜单中选择"删除"命令。

3）还原文件夹或文件

方法一：双击桌面上的"回收站"图标，打开"回收站"窗口，选中要还原的文件夹或文件，选择"文件"|"还原"命令。

方法二：双击桌面上的"回收站"图标，打开"回收站"窗口，右击要彻底删除的文件夹或文件，在弹出的快捷菜单中选择"还原"命令。

4. 文件的搜索

打开搜索对话框，在"搜索"框中输入条件，再单击 ρ 按钮，如图 3.3 所示。

图 3.3 "文件搜索"对话框

搜索条件含义如下："全部或部分文件名"输入框，用户可以在这里输入要搜索的文件夹名或文件名。这里的文件夹和文件的名字可以使用通配符"?"或"＊"来实现模糊搜索。"?"表示替代 0 个或 1 个字符，"＊"表示替代 0 个字符或多个字符。常见模糊文件名的含义见表 3.1。

表 3.1   常见模糊文件名的含义

模糊文件名	含　　义
A??.txt	以 A 开头,长度为 3,扩展名为.txt 的所有文件
B?CC.*	以 B 开头,第 3、4 字符为 CC,扩展名任意的所有文件
?C*.*	第 2 字符为 C 的所有文件
*.doc	扩展名为.doc 的所有文件
.	所有文件

搜索选项包含按日期、按文件大小等设置搜索条件。

5. 查看磁盘属性

(1) 右击磁盘驱动器图标,在弹出的快捷菜单中选择"属性"命令,或选择"文件"|"属性"命令将出现如图 3.4 所示的磁盘属性对话框。

(2) 选择"常规"选项卡,显示磁盘的容量及可用空间。"卷标"文本框中显示磁盘的卷标,用户可以修改卷标。

(3) 选择"工具"选项卡,可以完成对磁盘的维护操作。单击"开始测试"按钮,可以检测磁盘中的错误;单击"开始备份"按钮,可以进行磁盘备份;单击"开始整理"按钮,可以整理磁盘。

(4) 选择"共享"选项卡,用来设定磁盘的共享属性以供网上其他用户访问。单击"高级共享"按钮,弹出如图 3.5 所示的"高级共享"对话框,可以设定共享名、共享权限等。

图 3.4　关于磁盘属性的对话框

6. "画图"程序的操作

"画图"是一个简单的图形处理程序,其所创建的文件扩展名默认为.bmp,意为"位图"。用"画图"可绘制图形,也可编辑已存在的图片,其窗口如图 3.6 所示。

窗口由绘图区、工具箱、线宽框、状态栏等部分组成。下面以一个实例来说明"画图"的基本用法。

(1) 打开"画图"程序,在菜单栏选择"主页",在"形状"中选择"矩形"。

(2) 在窗口中的工作区域拖动鼠标,画出一个矩形框。

(3) 单击窗口下边的红色方块,工作区中添加了一个红色矩形。

(4) 在"形状"中选择"椭圆",在工作区域拖动鼠标画椭圆;在拖动时按住 Shift 键,则画正圆。

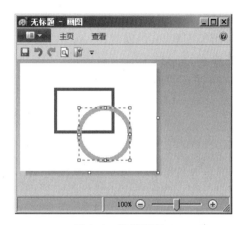

图 3.5 "高级共享"对话框   图 3.6 "画图"窗口

（5）输入或编排文字：在工具箱中单击"文字"按钮，在工作区沿对角线拖动鼠标，创建一个文字框。单击文字框内的任意位置，输入文字"Windows 7 画图程序"。在颜料盒中单击一种颜色，改变文字的颜色。

（6）用颜色填充：在工具箱中单击"填充"按钮，在颜料盒中选出一种颜色；单击要填充的对象。若用前景色填充，则单击选定区域；若用背景色填充，则右击选定区域。

（7）将彩色图片转换为黑白图片：在菜单栏上选择"图像"|"属性"命令，弹出"属性"对话框，在"颜色"框内选中"黑白"单选按钮，选择"确定"按钮。

（8）打印图片：选择"文件"|"打印"命令，在弹出的"打印"对话框中确定选择项，单击"确定"按钮。

（9）将图像设置成桌面背景：在选择"文件"|"设置为墙纸（平铺）"或"设置为墙纸（居中）"命令。

（10）保存画图文件：绘制好图像后，选择"文件"|"保存"或"另存为"命令，可以将图像保存起来。"画图"程序支持的图像保存格式有多种，用户可以根据需要更改图像格式。

7."记事本"程序的操作

记事本是一个简单的文本编辑器，文本中的字符只能是文字和数字，不含格式信息，仅有少数几种字体，如图 3.7 所示。

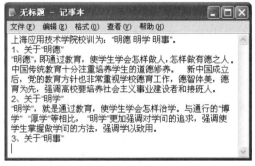

图 3.7 记事本程序

记事本多用于写便条、备忘事项、建立批处理文件等，是编辑或查看文本(.txt)文件最常用的工具，也是创建 Web 页的简单工具，文件最长为 64KB。下面以一个实例来说明记事本的基本用法。

（1）打开"记事本"窗口，输入以下文字。

上海应用技术学院校训为："明德　明学　明事"

1. 关于"明德"

"明德"，即通过教育，使学生学会怎样做人，怎样做有德之人。中国传统教育十分注重培养学生的道德修养。新中国成立后，党的教育方针也非常重视学校德育工作，德智体美，德育为先，强调高校要培养社会主义事业建设者和接班人。

2. 关于"明学"

"明学"，就是通过教育，使学生学会怎样治学。与通行的"博学""厚学"等相比，"明学"更加强调对学问的追求，强调使学生掌握做学问的方法，强调学以致用。

3. 关于"明事"

"明事"，就是通过教育，使学生学会怎样做事。中国传统文化往往把"会做事"作为对人的一种积极评价，"君子敏于事而慎于言"(《论语·学而》)。现代大学教育十分重视对大学生动手能力和实践能力的培养，即培养学生做事的能力。明事，重要的是"明事理""明事功""明事巧"，即懂得做事的道理、做事的价值、做事的技巧，这也较符合我校培养高层次应用技术人才的定位。

（2）查找字符或单词：选择"编辑"|"查找"命令，弹出"查找"对话框，在"查找内容"文本框中输入要查找的字符或单词，之后单击"查找下一个"按钮。

（3）复制、剪切和粘贴文字：用鼠标选中需要的文字，选择"编辑"|"复制"或"剪切"命令，完成文字的复制或剪切，再选择"编辑"|"粘贴"命令完成文字的粘贴。

（4）按窗口大小换行：在菜单栏上选择"格式"|"自动换行"命令。

（5）在文档中插入时间和日期：将插入点移到准备显示时间和日期的位置，在菜单栏上选择"编辑"|"时间/日期"命令。

（6）保存文件：选择"文件"|"保存"命令或按 Ctrl＋S 组合键，在弹出的"保存"对话框中，选择保存位置为 D 盘，输入文件名"校训"，选择保存类型为.txt，之后单击"保存"按钮，将文件保存。

8. 系统工具的操作

（1）磁盘备份与还原

单击"开始"按钮，依次选择"程序"|"附件"|"系统工具"|"备份"命令，就可以启动"备份"。如果在"附件"菜单上没有看到"备份"，则没有安装该程序，可在"控制面板"中安装该程序。

在"作业"菜单上，单击"新建"，将显示"备份"窗口，单击"所有选择的文件"或"新建与已更改的文件"，选择与要备份的驱动器、文件夹和文件关联的复选框，在"备份至何处"中选择备份目标位置，要立即运行该备份作业，单击"开始"按钮。

　　单击"还原"选项卡,选中与要还原的驱动器、文件夹和文件关联的复选框,在"还原至何处"中选择还原目标位置。单击"选项",做好相应设置后,单击"开始"按钮。

　　(2) 磁盘扫描程序

　　单击"开始"按钮,依次选择"程序"|"附件"|"系统工具"|"磁盘扫描程序"命令,就可以启动"磁盘扫描程序"。

　　注意:要指定"磁盘扫描"程序发现错误后的修复方式,必须清空"自动修复错误"复选框。

　　(3) 磁盘碎片整理程序

　　单击"开始"按钮,依次选择"程序"|"附件"|"系统工具"|"磁盘碎片整理程序"命令,就可以启动"磁盘碎片整理程序"。通常要经磁盘扫描检查磁盘无错误后,方可以进行磁盘碎片整理。

三、实验内容

1. 通过实验范例,在"资源管理器"中进行文件管理、磁盘操作、文件和文件夹操作。
2. 在"系统"信息中摘录以下内容。

Windows　目录　处理器　内存等信息

　　提示:在 Windows"开始"菜单中选择"控制面板"|"系统"命令。

3. 记下使用的计算机的名称。

4. 查看设备管理器,并记下网络适配器的型号和显卡的型号。

5. 通过"程序与功能",删除游戏中的纸牌游戏。

6. 在 D 盘上建立一个画图文件夹、一个记事本文件夹,文件夹名自定。

7. 在 Windows 目录中搜索文件大小小于 10KB 的任意 5 个文件,搜索结果以列表形式显示,并将搜索到结果的窗口粘贴到记事本程序,之后以文件名 my 搜索.txt 保存到记事本文件夹内。

8. 在 Windows 帮助中找到"查找文件或文件夹",将内容粘贴到记事本程序,并以文件名"my 帮助.txt"保存到记事本文件夹内。

　　提示:单击桌面空白处,然后按 F1 键可进入 Windows 帮助。

9. 使用画图程序,随意画一幅图画,将其以文件名 myfirst.bmp 保存到画图文件夹内。

10. 对记事本文件夹内的文件,利用写字板进行简单的文字编辑。(自由发挥)

四、实验后思考

1. 在 D 盘新建一文件夹名为 shixi3,在其下再以自己的姓名新建一文件夹。

2. 把 C 盘根目录下的 config.sys 和 autoexec.bat 的文件复制到姓名文件夹下。

3. 把复制的 config.sys 文件换名,再复制为 config.bat。

4. 把 config.bat 改成只读型。

5. 如果把某一图标的快捷方式删除,原程序会怎样?

6. 实验后有何体会和收获?

实验 4　常用工具软件的使用

一、实验目的

1. 掌握压缩文件工具 WinRAR 的使用。
2. 掌握系统优化工具 Windows 优化大师的使用方法。
3. 掌握虚拟光驱 Daemon Tools 的使用方法。

二、实验范例

1. 创建压缩包

将素材文件夹下的文件或文件夹压缩成一个压缩包文件，取名为"范例 1. rar"，保存在 C:\My Documents 下，压缩前设置解压密码为 2010。

（1）打开实验 4 素材文件夹，选中文件 view1. jpg、view2. jpg、view3. jpg 文件和 view 文件夹，右击，在弹出的快捷菜单中选择"添加到压缩文件"命令，出现"压缩文件名和参数"对话框，在"压缩文件名"文本框中输入"范例 1. rar"，单击"浏览"按钮，在寻找压缩文件对话框中选择压缩文件存放路径（这里是 My Documents），如图 4.1 所示。

（2）切换到"高级"选项卡，单击"设置密码"按钮，随后出现"带密码压缩"对话框，在"输入密码"框下输入 2010，然后在"再次输入密码以确认"文本框中输入相同密码，最后单击"确定"按钮，如图 4.2 所示。

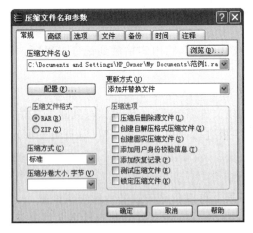

图 4.1　压缩对话框

图 4.2　加密压缩

2. 制作自解压文件

为目标文件制作一个自解压的文件，存储路径为 C:\My Documents，解压路径为 C:\Temp。

（1）选中文件 waterfall-01-pre.jpg、waterfall-03-pre.jpg、waterfall-04-pre.jpg 文件，右击，在弹出的快捷菜单中选择"添加到压缩文件"命令，出现"压缩文件名和参数"对话框，选中"创建自解压格式压缩文件"复选框，此时"压缩文件名"文本框中的文件名类型由.rar 自动变成.exe，如图 4.3 所示。

图 4.3　自解压对话框

（2）切换到"高级"选项卡，单击"自解压选项"按钮，在"高级自解压选项"对话框"常规"选项卡的"解压路径"文本框中，输入"C:\Temp"，注意输入后"绝对路径"及"保存并恢复路径"为选中状态，如图 4.4 所示。

（3）切换到"高级"选项卡，单击"添加快捷方式"按钮，在出现的对话框中可选择将快捷方式创建在"桌面"等选项。单击"确定"按钮返回"高级自解压选项"对话框。

（4）切换到"许可"选项卡，在"许可窗口标题"文本框中输入"许可使用"，在"许可文本"文本框中输入"本软件免费使用！"，如图 4.5 所示。

图 4.4　自解压"常规"选项卡

图 4.5　自解压"许可"选项卡

(5) 切换到"文本和图标"选项卡,在"自解压文件窗口标题"文本框中输入"欢迎使用",最后单击"确定"按钮,如图 4.6 所示。

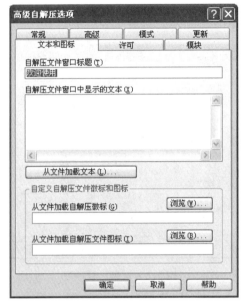

图 4.6　自解压"文本和图标"选项卡

3. 解压

将第 1 题中创建的"范例 1. rar"解压到规定路径下,如 C:\Temp。

(1) 右击"范例 1. rar",在快捷菜单中选择"解压文件"命令,出现"解压路径和选项"对话框,在"目标路径"文本框输入 C:\Temp,如图 4.7 所示。

图 4.7　目标路径选择

（2）单击"确定"按钮,在"输入密码"对话框中输入 2010,最后单击"确定"按钮。

（3）打开"我的电脑"窗口,选择 C:\Temp 文件夹,可以看到源文件已解压。如图 4.8 所示。

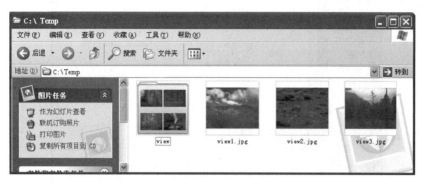

图 4.8　解压后的文件列表

4. 将压缩包解压到规定路径

将第 2 题中创建的"范例 1.exe"自解压到规定路径下,如 C:\Temp。

（1）双击"范例 1.exe",在随后出现的对话框中单击"接受"按钮,如图 4.9 所示。

图 4.9　"许可使用"对话框

（2）在出现的对话框中单击"安装"按钮,如图 4.10 所示。

（3）打开"我的电脑"窗口,选择 C:\Temp 文件夹,可以看到源文件已解压。如图 4.11 所示。

5. 虚拟光驱工具 Daemon Tools

（1）从网上下载虚拟光驱软件——Daemon Tools,支持 Windows 7 系统,支持加密光盘,它可以打开 CUE、ISO、IMG、CCD 等虚拟光驱的映像文件。

（2）用 Daemon Tools 还原映像文件(.iso)。

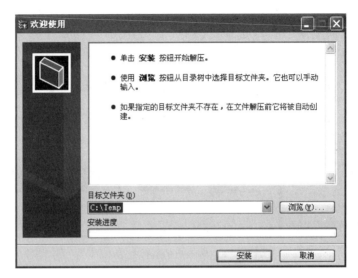

图 4.10　目标路径选择

图 4.11　解压后的文件列表

① 右击 Daemon Tools 图标,在弹出的快捷菜单中选择"虚拟 CD/DVD-ROM"|"设备 0:[G:]无媒体"|"装载映像"命令,打开"选择映像文件"对话框。

② 如图 4.12 所示,在对话框中选择映像文件(.iso)。

③ 单击"打开"按钮,即可打开文件。虚拟光盘的内容就会变成映像文件的内容,此时便可以访问虚拟光盘。

④ 图 4.13 窗口中所显示的是虚拟光盘中的文件内容,双击想要运行的文件。

(3) 将虚拟光驱的数量设置为 3 个。

① 右击 Daemon Tools 图标,在弹出的快捷菜单中选择"虚拟 CD/DVD-ROM"|"添加新的 SCSI 模拟驱动器",如图 4.14 所示,同样的操作再执行 2 次。

图 4.12　选择映像文件

图 4.13　虚拟光盘中的文件内容

图 4.14　添加新的虚拟设备

　　② 设置完成后,系统将自动增加相应数量的驱动器盘符图标,新增的驱动器即为虚拟光驱。如图 4.15 所示,打开"我的电脑"窗口,可以看到所添加的虚拟光驱。

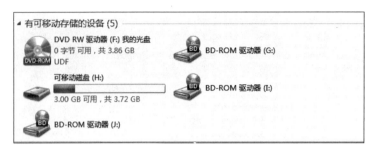

图 4.15　添加的虚拟光驱

6. 使用 Windows 优化大师

（1）从网上下载 Windows 优化大师。自动检测用户操作系统，并根据不同操作系统提供不同模块、选项及界面。Windows 优化大师可以显示当前计算机系统信息，可以对磁盘缓存、菜单弹出速度、文件系统、网络以及系统安全进行优化，可以清理注册表和硬盘中的垃圾文件等。

（2）优化开机速度。

① 双击桌面上的 Windows 优化大师快捷方式图标，主窗口如图 4.16 所示。选择"系统优化"|"开机速度优化"，打开对应窗格。将"启动信息停留时间"下方的滑块拖动到 10 秒处，如图 4.17 所示。

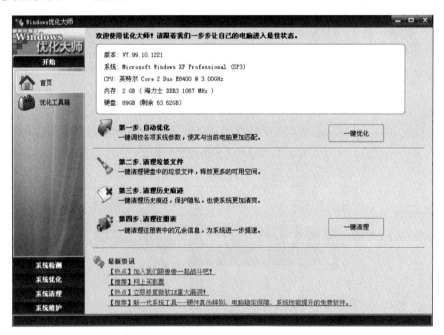

图 4.16　Windows 优化大师主窗口

② 在"请勾选开机时不自动运行的项目"列表框中选择启动计算机后不希望运行的程序。

③ 设置完成后，单击"优化"按钮。具体参考图 4.17 所示。

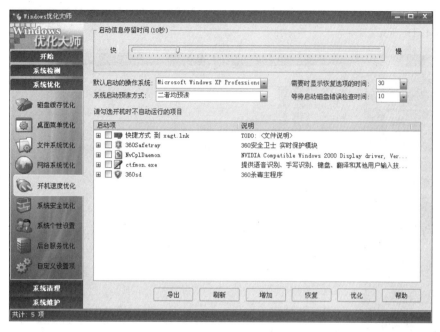

图 4.17 开机优化窗格

（3）清理磁盘中的垃圾文件。

① 在主窗口中选择"系统清理"|"磁盘文件管理"，打开对应窗格。如图 4.18 所示，选择"扫描选项"选项卡，取消对"允许扫描只读属性文件"复选项的选择。

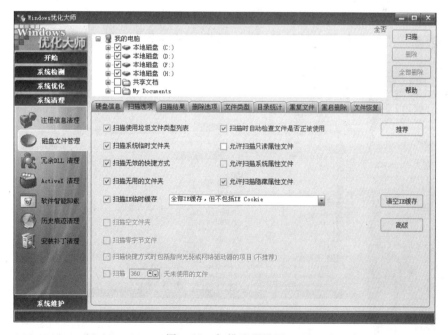

图 4.18 扫描选项设置

② 选择"删除选项"选项卡,勾选"用'Wopti 文件粉碎机'不可恢复地删除文件"复选框,如图 4.19 所示。

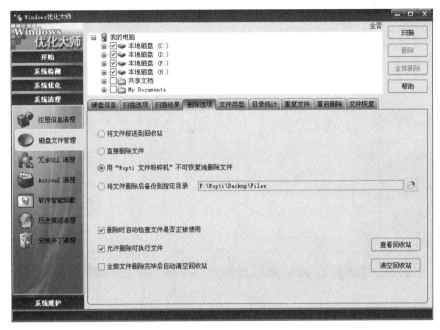

图 4.19　删除选项设置

③ 选择"文件类型"选项卡,在"扫描时跳过的文件夹"列表中选中"存放临时文件"选项,单击"删除"按钮,在弹出的对话框中单击"确定"按钮,如图 4.20 所示。

图 4.20　文件类型设置

④ 选择"文件类型"选项卡,在"扫描时跳过的文件夹"列表中选中"存放 IE Cookies"选项,单击"删除"按钮,在弹出的对话框中单击"确定"按钮。

⑤ 设置完成后,单击"扫描"按钮。在提示对话框中单击"全部删除"按钮,最后单击"确定"按钮。

三、实验内容

1. 将 Windows 下扩展名为 .txt 的所有文件,压缩成文件名为实验 4-1. rar 的文件,存储路径在 C:\My Documents 下。

2. 将 Windows 下扩展名为 .txt 的所有文件,制作一个自解压文件实验 4-1. exe,存储路径为 C:\My Documents,自解压路径为 C:\Temp。

3. 使用 Windows 优化大师对硬盘中所有驱动器上的磁盘碎片进行整理。

4. 使用 Windows 优化大师对桌面菜单进行优化。

四、实验后思考

1. 如果有一个 CUE 文件,如何使用 Daemon Tools 打开它?

2. 如何设置虚拟光驱开机时不自动运行?

实验 5　Word 2010 基本操作(一)

一、实验目的

1. 掌握 Word 2010 文档的创建、打开、保存。

2. 熟练掌握 Word 2010 文档的基本编辑：文本输入、插入、选定、修改、删除、查找与替换、剪切、复制与粘贴、撤销、恢复与重复。

3. 熟练掌握文档格式设置、字符格式设置、段落格式设置、页面格式设置、特殊版式设置和项目符号设置等格式设置。

4. 掌握 Word 2010 中表格操作：创建、编辑表格，文本与表格的互相转换。

5. 图文混排：掌握插入图片、制作艺术字、文本框、页眉和页脚、公式编辑器等操作。

二、实验范例

打开提供的范例文件 fl5.docx，按下列要求操作，完成后以文件名"范例 5.docx"保存。

(1) 文本的插入、标题设置。要求：按样张居中插入两行。第一行：输入"音乐的表现力"，字体为隶书、字号为三号；第二行：输入"音乐巨匠莫扎特"，字体为幼圆，红色，加同色的下划线，字号为三号。在最后按样张插入两行，输入"编辑人：×××"(×××为你自己的姓名)，插入当前日期，右对齐。

① 将光标置于文档开始位置，按 Enter 键两次，再将光标置于文档第一行的开始位置，输入"音乐的表现力"，将输入内容保持选中状态，单击功能区"开始"选项卡"段落"组中的居中图标，单击功能区"开始"选项卡"字体"组右下角的箭头按钮，打开"字体"对话框，进行相应设置，然后单击"确定"按钮，如图 5.1 所示。

② 将光标置于文档第二行的开始位置，输入"音乐巨匠莫扎特"，保持输入内容为选中状态，执行上述类似操作。

③ 将光标移至文末，输入"编辑人：×××"，另换一行，单击功能区"插入"选项卡"文本"组中的"日期和时间"选项，选择正确的格式，然后单击"确定"按钮。选中最后两行，单击功能区"开始"选项卡"段落"组中的右对齐图标。

(2) 设置字符格式、段落格式。要求：将正文中的第一段、第三段首行缩进 2 字符、字体为幼圆、字号为五号；第二段左右各缩进 5 字符、字体为幼圆、五号、粗体；全文除第二段设置 1.75 倍行间距，其余段落设置为 1.5 倍行间距；删除第三段文本。

① 选中正文第一段，参考上一步骤，设置字体格式为幼圆、五号，单击功能区"开始"选项卡"段落"组右下角的箭头按钮，打开"段落"对话框，在特殊格式下拉列表中选择"首行缩进"，在其右边的度量值选择 2 字符。

图 5.1 "字体"对话框

② 保持第一段为选中状态,单击功能区"开始"选项卡"剪贴板"组中的"格式刷"图标,在正文第三段从左至右、从上至下拖曳一遍,可以看到第三段和第一段使用同一格式。

③ 选中正文第二段,设置字体格式为幼圆、五号、粗体,参照第(1)步骤打开"段落"对话框,选择缩进选区,左、右侧都设置为5字符,在行距选区,选择多倍行距,设置值为1.75,如图5.2所示,最后单击"确定"按钮。

图 5.2 "段落"对话框

④ 分别选中除第二段外的其他段落,打开"段落"对话框,在"行距"选区,选择 1.5 倍行距。

⑤ 选中正文第三段,按 Delete 键。

(3) 在文档中插入图片,图文混排。要求:按样张在正文中插入图片,图片来自文件(配套提供的文件 fl5 素材.jpg),将它的宽、高度都缩放 100% 比例,环绕方式为四周型。

① 将光标置于第二段中,单击功能区"插入"选项卡"插图"组中的图片图标,打开"插入图片"对话框,在"插入图片"对话框中选择正确的路径,选择"fl5 素材.jpg",单击"插入"按钮。

② 选中刚插入的图片,右击,在出现的快捷菜单中选择"设置图片格式"命令,在打开的对话框中选择"大小"选项页,在缩放选区,设置高度、宽度为 100%,勾选"锁定纵横比"选项。

③ 在"版式"选项页,选择围绕方式为四周型。

④ 按样张调整图片位置,可以使用 Ctrl+←、→、↑、↓ 键来微调。

(4) 在文档中插入表格,表格与文本的相互转换。要求:从范例文件 fl5.doc 中按样张将对应的文本转换成表格,分隔符是",";将第二列设置为指定列宽 3 厘米;将表格的内容水平和垂直居中;最后将整张表格居中;设置表格的行高为 0.8 厘米。

① 用 Ctrl+C 组合键先复制文本中的中文逗号,选中表格对应的文本内容,单击功能区"插入"选项卡"表格"组中的表格按钮,在展开的菜单中选择"文本转换成表格",在文字间隔位置选区选择"其他字符",在它右边的空格内利用 Ctrl+V 组合键粘贴中文逗号,最后单击"确定"按钮。

② 选中表格的第二列,单击功能区"布局"选项卡"表"组中的"属性"按钮,打开"表格属性"对话框,选择"列"选项页,勾选"指定宽度",在右边的空格内输入 3,列宽单位选厘米,如图 5.3 所示。

图 5.3　表格属性设置 1

③ 选中表格内容,单击功能区"开始"选项卡"段落"组中的居中图标。

④ 选中整张表格(注意将这时的状态与③中状态作比较,有不同),单击功能区"布局"选项卡"表"组中的"属性"按钮,打开"表格属性"对话框,选择"表格"选项页,对齐方式选择"居中",再选择"单元格"选项页,在"垂直对齐方式"选择"居中",最后单击"确定"按钮。如图 5.4 所示。

图 5.4　表格属性设置 2

⑤ 选中整张表格(注意将这时的状态与③中的状态作比较,有不同),单击功能区"布局"选项卡"表"组中的"属性"按钮,打开"表格属性"对话框,选择"行"选项页,勾选"指定宽度",在右边的空格内输入 0.8,行高值选择固定值。

(5) 在文档中插入文本框、公式。要求: 按样张在文档中添加一个自选图形中的基本形状——平行四边形,设置高度为 1 厘米、宽度为 14 厘米,在这图形中添加文字"莫扎特(1756—1791)　奥地利作曲家,维也纳古典乐派代表人物之一",字体为宋体、小五号,图形的填充颜色为青绿色;在文档最后,按样张添加居中公式。

① 单击功能区"插入"选项卡"插图"组中的形状选项下的按钮,在展开的列表中,选择基本形状中的平行四边形,在文档的空白处拉出一个形状。

② 保持图形为选中状态,右击,在弹出的快捷菜单中选择"设置自选图形格式"命令,打开"设置自选图形格式"对话框,设置高度为 1 厘米、宽度为 14 厘米,勾选"锁定纵横比"选项。

③ 将鼠标置于自选图形中间,右击,在弹出的快捷菜单中选择"添加文字"命令,输入"莫扎特(1756—1791)　奥地利作曲家,维也纳古典乐派代表人物之一",并将文字设置为宋体、小五号。

④ 保持自选图形选中状态,单击功能区"格式"选项卡"文本框样式"组中的形状填充按钮,选择"其他填充颜色"命令,在自定义选项页中将 RGB 参数设置为(0,255,255)。然后单击"确定"按钮。

⑤ 单击功能区"插入"选项卡"文本"组中的对象按钮,在对话框列表中选择"Microsoft 公式 3.0",进入公式编辑器,输入公式,如图5.5和图5.6所示。

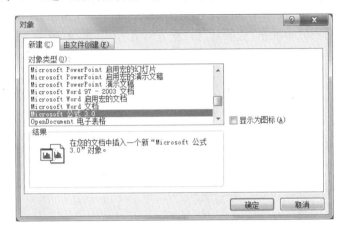

图5.5　插入对象对话框

图5.6　公式编辑器

⑥ 选中建立好的公式,单击功能区"开始"选项卡"段落"组中的"居中"按钮。

(6) 页眉、页脚及页码的设置。要求:设置页眉格式为小五号、宋体、居中对齐,内容为 Word 基本操作,设置底部居右页码。

① 单击功能区"插入"选项卡"页眉和页脚"组中的"页眉"按钮,在列表中选择"空白页眉"进行页眉编辑,如图5.7所示,在"页眉"处输入"Word 基本操作",然后选中它,设置字体和居中方式。

图5.7　设置页眉

② 单击功能区"插入"选项卡"页眉和页脚"组中的"页码"按钮,在列表中选择"页面底端",进一步选择靠右页码的"普通数字 3"样式,如图5.8所示。

③ 单击"文件"按钮,在列表中选择"另存为"命令,在对话框中选择保存路径和文件

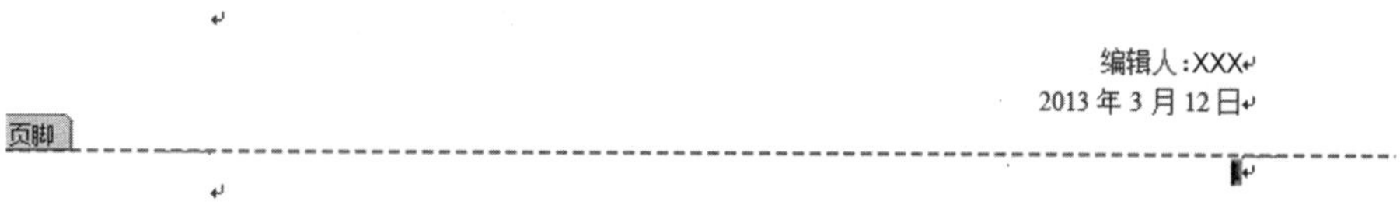

编辑人:XXX
2013 年 3 月 12 日

页脚

图 5.8　页码设置

名,保存当前文件为"范例 5.docx"。

范例文件样张如图 5.9 所示。

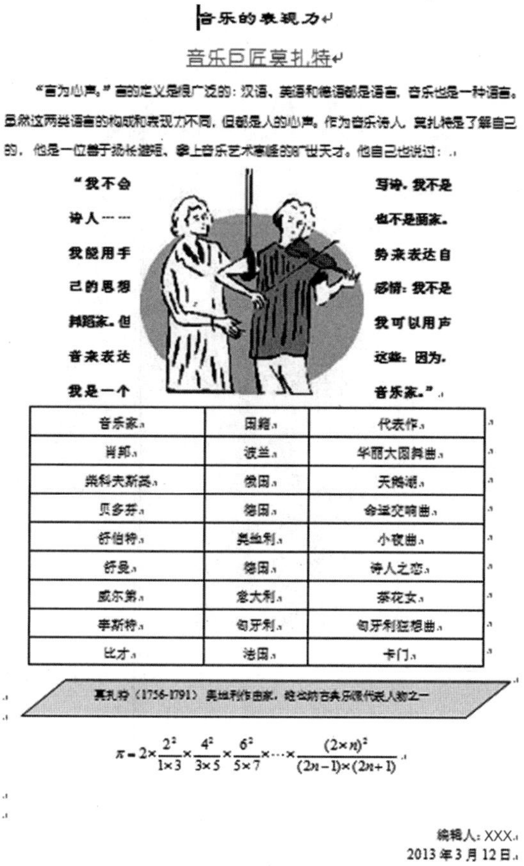

图 5.9　样张 fl5

三、实验内容

1. 利用提供的配套素材文件 sy5-1.docx,参照图 5.10 样张 sy5-1 完成以下操作,完成后以"实验 5-1.docx"保存。

(1) 按样张插入居中的艺术字标题"神圣之地——拉萨",样式是艺术字样式 20,字体为楷体、粗体、28 磅。

(2) 正文字体为幼圆、五号;全文设置为 1.3 倍行间距;首行缩进 2 字符,两端对齐。将正文中第一自然段首字下沉 3 行,并加 25%的深色底纹。

（3）按样张对第二、三、四自然段文字加 0.5 磅的细边框，并将它们等分为三栏、加分隔线、间距为 3 字符。

提示：分栏操作选项在"页面布局"选项卡下。

（4）按样张插入文本框，设置高度为 6.5 厘米、宽度为 5 厘米，框线为 0.5 磅的细线，框内添加"摄影：×××"，文字格式为楷体、五号；按样张在文本框内插入图片，图片来自文件（配套提供的文件 sy5-1 素材.jpg）。

提示：先插入文本框，把光标停在文本框中，输入文字后，再选择插入图片。

（5）页面设置为：上、下页边距为 2.5 厘米，左、右边距为 3 厘米，纵向。

（6）样张如图 5.10 所示。

图 5.10　样张 sy5-1

2. 制作放假通知书，效果如图 5.11 样张 sy5-2 所示，完成后文档取名为"实验 5-2.docx"。

（1）按样张输入文字，设置标题居中、华文中宋、加粗、小初字号，字符间距加宽为 10 磅。

（2）选中正文到"特此通知"，字体为华文中宋、小二号，首行缩进 2 字符，行间距为最小值 15 磅。

（3）落款设置为宋体、小二号、右对齐。

（4）页面设置为：上、下页边距为 2.5 厘米，左、右边距为 3 厘米，纵向。

(5) 样张如图 5.11 所示。

放 假 通 知

　　国庆节即将来临，根据《全国年节及纪念日放假办法》规定，结合我公司具体情况，今年"十一""中秋"放假安排如下：

　　放假时间：2016 年 9 月 30 日—10 月 7 日，共 8 天。

　　10 月 6 日、10 月 7 日为正常公休，10 月 4 日补休一天，9 月 29 日（星期六）正常上班，该公休日调至 10 月 5 日。

　　10 月 8 日（星期一）正常上班。

　　特此通知！

　　　　　　　　　　　　　　　　XXXXXXXX 公司
　　　　　　　　　　　　　　　　行政人事部
　　　　　　　　　　　　　　　　2016 年 9 月 15 日

图 5.11　样张 sy5-2

3. 专业特色介绍。

文字要求：可通过网络下载和手工输入有关本专业的几点特色，内容至少 2 页以上。

格式要求：

(1) 文档有艺术字标题。

(2) 选择合适的文字、段落设计，要求图文混排。

(3) 专业特点介绍可采用多级项目符号和编号。

(4) 页面设计：上、下页的页边距为 2.5 厘米，左、右页边距为 3 厘米，页眉为"计算机科学与信息工程学院"，页脚为居中页码。

(5) 完成后，保存文件名为"实验 5-3.docx"。

四、实验后思考

1. 如何设置奇偶页不同的页眉和页脚？

2. 在图文混排中如何添加图注？

实验 6   Word 2010 基本操作(二)

一、实验目的

1. 熟练掌握 Word 2010 的基本操作。
2. 掌握样式的创建和使用。
3. 掌握模板的创建和应用。
4. 掌握长文档的页面排版。

二、实验范例

利用 Word 的表格功能制作个人简历表,完成后保存文件名为"范例 6. docx"。参考样张如图 6.1 的样张 fl6 所示。

个人简历

姓　名	XXX	性　别		出生年月		照片
籍　贯		民　族		身　高		
专　业		健康状况		政治面貌		
毕业学校				学　历		
通信地址				邮政编码		
教育情况						
专业特长						
工作经历						
联系方式						

图 6.1　样张 fl6

　(1) 创建表格。表格 1~5 行,高为 0.8 厘米,整张表居中。

　① 新建文档,在第三行输入标题"个人简历",另起一行。单击功能区"插入"选项卡"表格"组中的"表格"按钮,打开"插入表格"对话框,在"列数"文本框中输入 7,在"行数"文本框中输入 9,如图 6.2 所示。

　② 选中表格 1~5 行,单击"表格工具"选项卡"布局"页"表"组中的"属性"按钮,打开"表格属性"对话框,在"行"选项卡中选中"指定高度"复选框,在"指定高度"数值框中输入"0.8 厘米",如图 6.3 所示,其他各行参照样张调整行高。

图 6.2　"插入表格"对话框

　③ 选中整张表格,单击"表格工具"选项卡"布局"页"表"组中的"属性"按钮,打开"表格属性"对话框,在"表格"选项卡的"对齐方式"选项组中选择"居中",如图 6.4 所示。

图 6.3　"行"选项卡

　(2) 编辑和设置表格内容。表格中的文字全部居中(参照样张),栏目名称的样式为宋体、加粗、五号,其他为楷体、常规、五号。设置标题为小一号。

　① 在单元格中输入相应的内容。单击表格左上角的全选图标,选中整张表,单击"表格工具"选项卡"布局"页"表"组中的"属性"按钮,打开"表格属性"对话框,在"单元格"选项卡的"垂直对齐方式"选项组中选择"居中",如图 6.5 所示。

　② 选中整张表,设置文字的格式为宋体、加粗、五号。

　③ 选中"照片"文字所在单元格及其下面的 4 个单元格,单击"表格工具"选项卡"布局"页"合并"组中的"合并单元格"按钮,将 5 个单元格合并为一个。"毕业学校""通信地址"右边的 3 个单元格以同样方法合并单元格,如样张所示。

图 6.4 "表格"选项卡

图 6.5 "单元格"选项卡

④ 选中"专业特长""工作经历"文字所在单元格,右击,在弹出的快捷菜单中选择"文字方向",在出现的对话框中,在"方向"栏选"垂直竖排",如图 6.6 所示。

⑤ 在"姓名""性别"等单元格文字中间加上适当的空格,如样张所示。

⑥ 按要求设置标题"个人简历"为宋体、加粗、小一号字,单击"居中"按钮。

⑦ 利用"格式刷"按钮,对表格中所有填写的信

图 6.6 文字对齐方式

息单元格,设置格式为楷体、常规、五号,如样张所示。

（3）保存文档为"范例 6.docx"。

三、实验内容

1. 毕业论文的排版。要求：根据上海应用技术学院论文格式的要求,对本实验提供的素材进行编辑排版。完成后保存为"实验 6-1.docx",具体要求如下。

（1）摘要文字为宋体、小四号,行距为 1.25 倍;1 级大纲为黑体小二号,段前、段后各空一行;2 级大纲为黑体、四号,段前空一行;3 级大纲为黑体小四号,段前空一行;4 级大纲为宋体小四号,段前空一行。

（2）论文正文文字为宋体、小四号,行距为 1.25 倍,首行缩进 2 字符。

（3）页眉居中为论文标题,居右插入页码;页脚居右为"上海应用技术学院 计算机科学与信息工程学院 毕业论文",均为小五号宋体。

（4）论文中出现的图表、表格的编号参见素材文件。

（5）要求摘要占一页,1 级标题另起一页。

（6）最后自动生成目录。

2. 个性化信笺的制作。要求：在 A4 纸上设计上海应用技术学院空白信纸的版式,参照图 6.7 所示样张。在信纸的页眉、页脚加上适当的图案和文字,在信纸的页脚输入页码,制作页面的底纹,将设计完成的空白信笺保存为"实验 6-2.docx"。同时把前面完

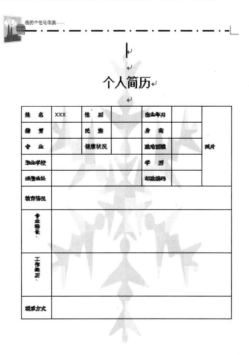

图 6.7　实验 6-2 样张

成的"范例 6.docx"复制到空白信笺上,再次保存为"实验 6-2.docx"。

3. 邮件合并——快速批量打印监考通知。要求:根据提供的"素材-监考通知.docx"和"素材-考试安排.xlsx"制作计算机学院老师的监考通知。

四、实验后思考

1. 在个人简历表的基础上,若将之修改为个人求职简历表,如何修改?

2. 如何在论文中添加批注?

实验 7　Excel 2010 基本操作（一）

一、实验目的

1. 掌握 Excel 2010 的启动和退出，以及工作簿文件的管理操作。

2. 掌握 Excel 2010 工作表的编辑（单元格的选定、复制、移动、自定义填充）。

3. 掌握 Excel 2010 工作表的格式化操作（单元格和表格的格式化、单元格引用、公式和函数的使用、公式复制）。

4. 掌握 Excel 2010 中图表的创建与图表对象的编辑。

二、实验范例

打开配套提供的实验素材文件 fl7.xlsx，完成以下操作后，保存为"范例 7.xlsx"。

(1) 在每张工作表中增加一列"个人总分"，并计算结果，保留 2 位小数；在每张工作表中增加一行"全班平均分"，并计算显示，保留 1 位小数。

① 选中"第一学年"工作表，选中 F1 单元格，输入"个人总分"，选中 F2 单元格，单击功能区"开始"选项卡"编辑"组中的"自动求和"按钮，如图 7.1 所示，在公式中选中 C2：E2，然后按 Enter 键。

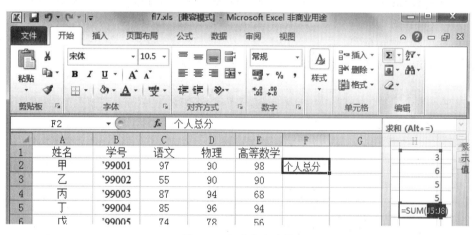

图 7.1　自动求和功能

② 选中 F2，将鼠标指针移至 F2 单元格的右下角，出现填充柄标记，往下拖曳至 F11。

③ 选中 F2：F11 区域，单击功能区"开始"选项卡"数字"组中的"增加小数位数"按钮两次。

④ 选中"第一学年"工作表，选中 G1 单元格，输入"全班平均分"，选中 G2 单元格，单击功能区"开始"选项卡"编辑"组中的"自动求和"按钮右边的下拉键，选择"平均值"，在公式中选中 C2：E2，然后按 Enter 键。

⑤ 选中 G2，将鼠标指针移至 G2 单元格的右下角，出现填充柄标记，往下拖曳至 G11。

⑥ 选中 G2：G11 区域，单击功能区"开始"选项卡"数字"组中的"增加小数位数"按钮一次(看具体情况，若要减少小数位数，则选择"减少小数位数"按钮)。

⑦ 选中 F1：G11 区域，单击功能区"开始"选项卡"剪贴板"组中的"复制"按钮，然后依次选中"第二学年"工作表、"第三学年"工作表、"第四学年"工作表，选中 F1 单元格，单击功能区"开始"选项卡"剪贴板"组中的"粘贴"按钮，完成复制。

(2) 将表中文字设置为 14 磅、黑体，数字为 12 磅、Times New Roman，每张工作表中原始数据为红色斜体，表中所有内容居中。

① 选中"第一学年"工作表，按住 Shift 键，同时选中"第二学年"工作表、"第三学年"工作表、"第四学年"工作表。注意，到此时标题栏显示为工作组，下面的操作对工作组中所有工作表有效。

② 选中表格中的文字部分，利用功能区"开始"选项卡"字体"组中的相关按钮，设置字体、字号，然后选中表格中的数字部分设置字体、字号(注意，若有部分列显示不全，可双击两列中间增加列宽)。

③ 选中表格的 C2：E11 区域，设置红色字体，斜体。

④ 选中整张表格，单击功能区"开始"选项卡"对齐方式"组中的居中按钮。

⑤ 单击 sheet6 工作表，取消对工作组的选中。

(3) 为每张工作表添加蓝色的双边框线。

① 参考上题，同时选中四张工作表，选中整张表格，单击功能区"开始"选项卡"字体"组中边框按钮右边的下拉键，在列表中选择"其他边框"命令，在出现的"设置单元格格式"对话框中选中"边框"选项页。

② 依次选择边框颜色、样式、边框线，如图 7.2 所示。

图 7.2　边框设置

③ 取消对工作组的选中。

(4) 创建第五张工作表,命名为"总结与对比",除姓名外,还包括:1~4 学年的总成绩、平均总成绩、各学年总成绩占平均总成绩的百分比,共 10 列。

① 单击 Sheet 6 工作表,右击,在弹出的快捷菜单中选择"插入"命令,然后在"插入"对话框中选择工作表,可以看到下面工作表名区域新建的工作表,将之更名为"总结与对比"。

② 在"总结与对比"工作表第 1 行的 A 到 J 单元格,依次输入"姓名""第一学年总成绩""第二学年总成绩""第三学年总成绩""第四学年总成绩""平均总成绩""第一学年占百分比""第二学年占百分比""第三学年占百分比""第四学年占百分比"。

③ 选中第一学年工作表,选择所有学生的姓名区域 A2:A11,选择复制命令,再选中"总结与对比"工作表,选择粘贴命令,将学生姓名复制到新表。

④ 选中第一学年工作表,选择所有学生的个人总分区域 F2:F11,选择"复制"命令,再选中"总结与对比"工作表的 B2 单元格,单击功能区"开始"选项卡下"剪贴板"组中"粘贴"按钮下面的下拉键,在列表中选择"选择性粘贴"命令,在打开的对话框中"粘贴"选项下选择"数值",如图 7.3 所示,然后单击"确定"。

⑤ 参照上一步骤,将第二学年到第四学年的总成绩复制到"总结与对比"工作表的 C2:E11 区域中。

⑥ 选中"总结与对比"工作表,计算 F2:F11 的平均总成绩,在单元格 G2 中输入＝B2/＄F2,确定后将该公式填充复制到 G3:G11,再将该公式填充复制到 H2:J11 中。

⑦ 选中 G2:J11,将格式设置为百分比形式,保留 2 位小数,如图 7.4 所示。

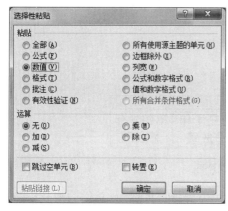

第一学年占百分比	第二学年占百分比	第三学年占百分比	第四学年占百分比
98.53%	100.95%	99.57%	100.95%
101.18%	98.60%	101.61%	98.60%

图 7.3　选择性粘贴设置　　　　图 7.4　设置百分比形式

(5) 在"总结与对比"工作表上再增加三行:第一行是全班各学年总成绩的平均分;第二行是四年的总平均分,该行的数据只占一个单元格;第三行为各学期的总平均分占四年总平均分的百分比,该行数据为四个单元格。

① 选中总结与对比工作表,在 A12:A14 单元格中分别输入"全班学年平均分""四年总平均分""各学年占百分比"。

② 计算 B12:E12 的平均分。再选中 F13,根据公式＝AVERAGE(B12:E12)计算四年的总平均分。

③ 在 B14 单元格中输入公式＝B12/＄F＄13,单击"确定"按钮后,将该公式填充复制到 C14:E14 中。

④ 选中 B14:E14,将格式设置为百分比形式,保留 2 位小数。

(6) 用复制的方法将"总结与对比"工作表的格式与前四张工作表的格式一致。

① 选中第一张工作表 A1 单元格,单击"格式刷"按钮,再选中"总结与对比"工作表,将该格式复制到表中所有的中文文字单元格,选择 B2:J2,单击功能区"开始"选项卡"对齐方式"右下角的箭头,在弹出对话框的"对齐"选项卡中,勾选"自动换行",水平、垂直方向居中对齐,将该设置同样方法应用到 A12:A14,如图 7.5 所示。

图 7.5 对齐方式

② 适当调整各行、各列的宽度,使之最多用两行显示,如图 7.6 所示。

B	C	D	E
第一学年总成绩	第二学年总成绩	第三学年总成绩	第四学年总成绩

图 7.6 分行显示

③ 选中第一张工作表 C2 单元格,单击"格式刷"按钮,再选中"总结与对比"工作表,将该格式复制到表中的 B2:E11 区域,选择其余数字区域,设置为 12 磅、Times New Roman。

④ 选中整张表,设置边框为蓝色双线。

⑤ 选中整张表,设置单元格文本对齐方式为水平居中、垂直居中。

(7) 利用"总结与对比"工作表制作两张独立图表:图表 1 用条形图显示每个学生各学年的总成绩及平均总成绩;图表 2 以折线图显示所有学生的成绩百分比。

① 选中 A1:F11 区域,单击功能区"插入"选项卡"图表"组中的条形图按钮,在列表中选择二维簇状条形图,如图 7.7 所示。

② 此时在工作表中创建了一张图表,将鼠标指针移至图表中,单击选中图表,单击功

图 7.7　插入图表

能区"图表工具"选项卡"设计"页"移动"组中的"移动图表"按钮,在打开的对话框中选中"新工作表"选项,在右边的文本框中输入文字"图表 1",如图 7.8 所示。

图 7.8　移动图表

③ 单击"完成"按钮。可以看到工作表前增加一张新表,如图 7.9 所示。

④ 同时选中"总结与对比"工作表 A1:A11 和 G1:J11 区域,单击功能区"插入"选项卡"图表"组中的条形图按钮,在列表中选择折线图。

图 7.9　新增的图表 1

⑤ 选中图表,单击功能区"图表工具"选项卡"设计"页"移动"组中的"移动图表"按钮,在打开的对话框中选中"新工作表"选项,在右边的文本框中输入文字"图表 2",然后单击"确定"按钮。

(8)在图表 1,改变条形图为柱形图,删除平均总成绩序列,添加标题"图表 1";将图表标题设置为 12 磅黑体、图例为 10 磅宋体;对图表 1 中添加"第二学年总成绩"系列数据值标签,并在总成绩最高分处添加文字说明"最高分"。

① 选中图表 1,单击功能区"图表工具"选项卡"设计"页"类型"组中的"更改图表类

型"按钮,在打开的对话框中选择簇状柱形图(或者光标指向图表区空白处,右击,在弹出的快捷菜单中选择"更改图表类型"命令,然后修改类型为簇状柱形图)。

② 选中图表区的平均总成绩系列,右击,在弹出的快捷菜单中选择"删除系列"命令。

③ 单击功能区"图表工具"选项卡"布局"页"标签"组中的"图表标题"按钮,在列表中选择图表上方,将标题内容修改为"图表 1"。

④ 选中图表标题框,设置为 12 磅黑体;选中图例框,设置为 10 磅宋体。

⑤ 选中图表区的第二学年总成绩系列,单击功能区"图表工具"选项卡"布局"页"标签"组中的"数据标签"按钮,在列表中选择数据标签外,或右击,在弹出的快捷菜单中选择"设置数据标签格式"。在出现的对话框中选择"标签选项"页,勾选"值"复选框,如图 7.10 所示。

图 7.10　设置数据标签

⑥ 单击功能区"图表工具"选项卡"布局"页"插入"组中的形状按钮,在列表中选择带箭头的线条,在图表中的相应位置画图形。以同样方法绘制横向文本框,在图表中的相应位置画图形,并添加文字"最高分",如图 7.11 所示。

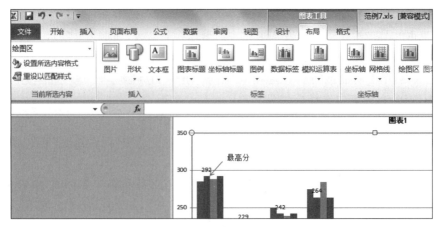

图 7.11　添加文字说明

(9) 为图表 2"第二学年占百分比"序列添加线性趋势线；为图表 2 添加横向双色浅灰色底纹、蓝色带阴影的边框。

① 选中图表 2,选中"第二学年占百分比"序列(玫红色折线),单击功能区"图表工具"选项卡"布局"页"分析"组中的"趋势线"按钮,在列表中选择线性趋势线,如图 7.12 所示。

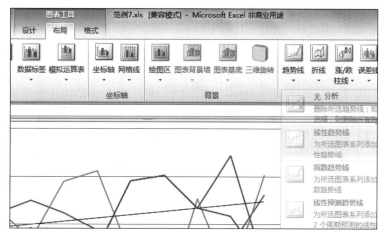

图 7.12　添加趋势线

② 光标指向绘图区,右击,在弹出的快捷菜单中选择"设置绘图区域格式"命令。打开"设置图表区格式"对话框,选择"填充"页,在填充选项中选择"渐变填充",同时设置渐变的类型、方向、颜色等,如图 7.13 所示。

图 7.13　渐变填充

③ 在"设置图表区格式"对话框中,选择"边框颜色"页,设置颜色为蓝色,再选择"边框样式"页,将"宽度"设置为 6 磅,"复合类型"选择单线。按图 7.14 所示进行设置。最后单击"关闭"按钮。

图 7.14　图表边框

④ 将编辑后的电子表格保存为"范例 7.xlsx"。

三、实验内容

1. 打开配套提供的实验素材文件 sy7-1.xlsx,完成以下操作后,保存为"实验 7-1.xlsx"。

(1) 根据表一中的"编号",将表二中与之对应的"部门"名称添加到表一的 B 列,要求在表一的 B2 单元格中输入公式,然后复制到 B3:B4。

(2) 完成表一中 F 列的"总销售额"的计算,要求在 F2 单元格中输入公式,然后复制到 F3:F4。

(3) 完成表一中 C5:E5 的"最高销售额"的计算,要求先在 E5 单元格中输入公式,然后复制到 C5:D5。

(4) 利用公式计算表一中的"平均销售额",要求保留 2 位小数,采用千分位样式。

(5) 在表二的 B6 单元格中,利用公式计算并显示总销售额超过 100 万元的部门数(提示:使用函数库中的 COUNTIF 函数计算),如图 7.15 所示。

(6) 在表二的 D 列中,计算并显示按总额提成比率标准得到的奖金值,如图 7.15 所示。

(7) 将表一设置为水平置中,上、下页边距为 2.5 厘米,左、右边距为 2.0 厘米,取消网格线。

图 7.15　实验 7-1 部分样张

(8) 将表二设置为横向打印,缩放比例 90%,设置居左页眉为"上海应用技术学院"。

2. 设计一张本人的课程表。要求每学期为一张单独的工作表,表格的内容、格式由作者自己设定。完成后,保存为"实验 7-2. xlsx"。

四、实验后思考

1. 在一张工作表中,如何应用另一张工作表中的单元格?

2. 如果要对几张工作表中相同区域完成同一操作,如何一次操作实现?

实验8 Excel 2010 基本操作(二)

一、实验目的

1. 掌握 Excel 2010 的数据管理(记录单的增加、删除、排序、筛选、分类汇总、数据透视表)。

2. 了解 Excel 2010 中的其他数据分析的方法。

3. 掌握 Excel 2010 的高级应用(数据的导入导出,函数的使用等)。

二、实验范例

打开提供的配套实验素材文件 fl8.xlsx,完成以下操作后,保存为"范例 8.xlsx"。

(1) 在第一张工作表(即第一学年成绩)中增加一条记录:"姓名"取"甲甲",其他相应单元格内容取"姓名"为"乙"记录的内容,删除"姓名"为"乙"的记录单。

① 选中 A11 输入"甲甲",同时选中 B3:E3 区域,单击"复制"按钮,再把光标选中B11,单击"粘贴"按钮。

② 用光标选中第 3 行(记录"乙"所在行),右击,在弹出的快捷菜单中选择"删除"命令。

(2) 对第一张工作表进行高级筛选,找出总成绩 240 分以上(含 240 分)或有 2 门课程在 90 分以上(含 90 分)的记录,结果从 A20 开始存放。

① 单击 F1 单元格,输入"总分",在 F2:F11 单元格中,利用公式计算每个人的总分。

② 在 H2:K2 中,分别输入"总分""语文""物理""高等数学"(注意,在输入高级筛选条件时,必须与原始数据表格至少空一行或一列)。

③ 在条件区域中,按照图 8.1 所示输入筛选条件(注意,横向上的条件表示同时满

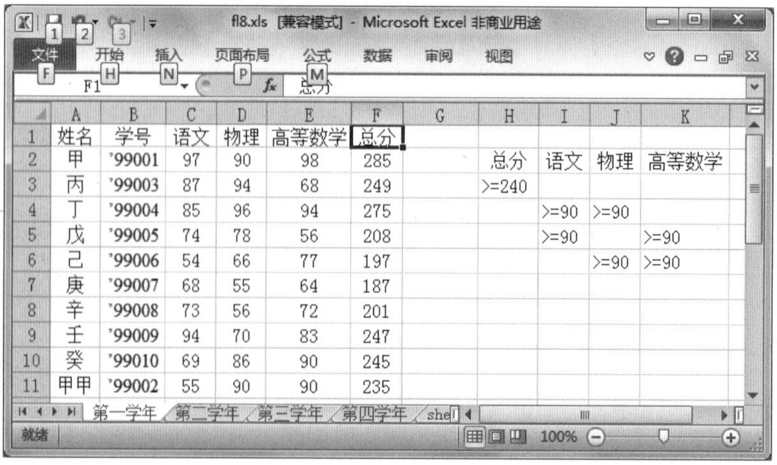

图 8.1 高级筛选条件

足,是"并且"的意思,纵向上的条件表示单个满足,也就是"或者"的意思。本题给出了四个"或者"的条件。而"并且"的条件同时只有两个,比如语文和物理等)。

④ 将光标置于表格的任一位置,单击功能区"数据"选项卡"排序和筛选"组中的"高级"按钮,打开如图 8.2 所示的对话框。

⑤ 在"列表区域"文本框中选择原始数据所在单元格区域(一般系统会自动识别)。单击"条件区域"右边的按钮,选择筛选条件所在的单元格区域,如图 8.3 所示。

图 8.2 "高级筛选"对话框

图 8.3 设置高级筛选条件

⑥ 在"方式"选项组中选中"将筛选结果复制到其他位置",并在"复制到"右面的文本框中输入 A20,如图 8.3 所示。

⑦ 单击"确定"按钮。完成后的结果如图 8.4 所示。

图 8.4 高级筛选结果

(3) 对第二张工作表按照总成绩升序重新排列。

① 在 F1 中输入"总成绩",在 F2 中输入公式=C2+D2+E2,然后按 Enter 键,并将此公式复制到 F3:F11。

② 将光标置于表格中任意单元格,单击功能区"数据"选项卡"排序和筛选"组中的"排序"按钮,打开"排序"对话框,主要关键字选择"总成绩",在"次序"项目中选择"升序",然后单击"确定"按钮。如图 8.5 所示。

(4) 在第三张工作表中增加两列"性别""籍贯",增加后的工作表见 fl8.xlsx 的 sheet6 表。

图 8.5   "排序"对话框

① 光标选中第 C 列,右击,在弹出的快捷菜单中选择"插入"命令,再重复插入一次。

② 选中 sheet6 工作表,同时选中 C1:D11 区域,选择"复制"按钮,再选中第三张工作表的 C1,单击"粘贴"按钮。

(5) 将 sheet6 中数据表复制到新工作表中,新工作表命名为"分类汇总",然后在该工作表中,以"性别"分类汇总出男、女各自的最高平均分。

① 单击工作表标签栏中的"插入工作表"按钮,将工作表名修改为"分类汇总",调整该表到适当的位置,如图 8.6 所示。

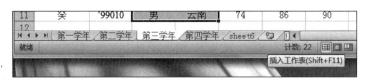

图 8.6   "插入工作表"按钮

② 选择 sheet6 表中的数据,复制,单击新表在 A1 处粘贴。

③ 在"分类汇总"表中添加一列平均分,并计算,数据保留 2 位小数。

④ 选中"分类汇总"工作表,将光标置于表格中任意单元格,单击功能区"数据"选项卡"排序和筛选"组中的"排序"按钮,打开"排序"对话框,主要关键字选择"性别",在"次序"项目中选择"升序",单击"添加条件"按钮,次要关键字选择"籍贯",在"次序"项目中选择"升序",然后单击"确定"按钮。如图 8.7 所示(注意,在分类汇总前,必须按分类字段排序)。

图 8.7   排序条件

⑤ 将光标置于表格中的任意单元格,单击功能区"数据"选项卡"分级显示"组中的"分类汇总"按钮,打开"分类汇总"对话框,"分类字段"选择"性别","汇总方式"选择"最大值","选定汇总项"为"平均分",同时在相应的复选项中打钩,如图 8.8 所示。

图 8.8　按性别分类

(6) 在上例的基础上,进一步在男、女中按"籍贯"汇总出最高平均分,如图 8.9 所示(样张文件为"范例 8 样张一.jpg")。

1 2 3 4	A	B	C	D	E	F	G	H	I
1	姓名	学号	性别	籍贯	计算机	英语	电子	平均分	
2	戊	'99005	男	河南	87	78	56	73.67	
3	壬	'99009	男	河南	85	70	83	79.33	
4				河南 最大值				79.33	
5	辛	'99008	男	江西	92	56	72	73.33	
6				江西 最大值				73.33	
7	甲	'99001	男	上海	100	90	98	96.00	
8				上海 最大值				96.00	
9	乙	'99002	男	云南	69	88	79	78.67	
10	癸	'99010	男	云南	74	86	90	83.33	
11				云南 最大值				83.33	
12			男 最大值					96.00	
13	庚	'99007	女	河南	55	55	64	58.00	
14				河南 最大值				58.00	
15	丙	'99003	女	江西	77	94	68	79.67	
16				江西 最大值				79.67	
17	丁	'99004	女	上海	94	96	94	94.67	

图 8.9　范例 8 样张一

再次打开"分类汇总"对话框,"分类字段"选择"籍贯","汇总方式"选择"最大值","选定汇总项"为"平均分",去掉"替换当前分类汇总"复选项的选择,如图 8.10 所示。

（7）在 sheet6 中，以"籍贯"为页字段，"性别"为行字段，以"计算机"最大值和"英语"求和为数据项，新建一张数据透视表；将创建的工作表命名为"数据透视表"，如图 8.11 所示（样张文件为"范例 8 样张二.jpg"）。

图 8.10　按籍贯汇总

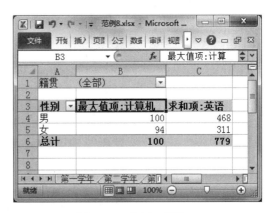

图 8.11　范例 8 样张二

① 将光标置于表格中的任意单元格，单击功能区"插入"选项卡"表格"组中的"数据透视表"，打开"创建数据透视表"对话框，选择数据来源，选择放置表的位置为"新工作表"，如图 8.12 所示，然后单击"确定"按钮。

图 8.12　创建数据透视表的步骤 1

② 此时，可以在新工作表中创建数据透视表，如图 8.13 所示。

③ 在数据透视表的字段列表中，勾选"籍贯"字段，单击行标签中的"籍贯"右边的下拉箭头，在列表中选择"移动到报表筛选"命令，此时籍贯字段移动到透视表上方处，如图 8.14 所示。

④ 勾选"性别"字段，此时系统自动将"性别"字段作为行标签，如图 8.14 所示。

⑤ 依次勾选"计算机""英语"字段，此时获得的效果如图 8.14 所示。

⑥ 双击透视表中的"求和项：计算机"字段，打开如图 8.15 所示的"值字段设置"对话框，在"计算类型"列表中选择"最大值"，然后单击"确定"按钮。

图 8.13　创建数据透视表的步骤 2

图 8.14　创建数据透视表的步骤 3

⑦ 单击透视表中任一单元格,单击功能区"设计"选项卡"布局"组中的"报表布局"按钮,在下拉列表中选择"以表格形式显示",此时可看到"行标签"处显示为"性别"字段名。

⑧ 将 sheet1 工作表名更改为"数据透视表",操作后的效果如图 8.16 所示。

⑨ 将编辑后的电子表格保存为"范例 8.xlsx"。

图 8.15   修改字段汇总方式

图 8.16   工作表更名

三、实验内容

1. 制作一张通讯录,包括编号、姓名、性别、联系电话、家庭地址、特殊联系人、特殊联系人电话。要求编号采用文本数据,且自动产生填充方式;通讯录中至少有十条记录,分两页显示,第 2 页表头自动重复。将该通讯录保存为"实验 8-1.xlsx"。

2. 新建一个 Excel 文档,将配套提供的"外部数据.xlsx"中的 sheet2 表导入本文档,在第 1 行中插入表格标题"上海中学分科情况表",重新另存为"实验 8-2.xlsx"。

3. 将上题保存的文档按图 8.17 所示"样张 sy8-3"作以下操作后,保存为"实验 8-3.xlsx"。

姓名	数学	物理	历史	政治	总分	平均分	分科意见
孙权	82.00	86.00	83.00	96.00	347.00	86.75	理科生
关羽	80.00	88.00	90.00	89.00	347.00	86.75	理科生
赵云	87.00	88.00	85.00	84.00	344.00	86.00	理科生
夏侯敦	82.00	81.00	78.00	67.00	308.00	77.00	理科生
						理科生 计数	4
曹操	89.00	91.00	95.00	98.00	373.00	93.25	全能生
刘备	93.00	88.00	97.00	95.00	373.00	93.25	全能生
诸葛亮	90.00	88.00	100.00	100.00	378.00	94.50	全能生
						全能生 计数	3
张飞	52.00	37.00	45.50	56.00	190.50	47.63	文科生
黄忠	78.00	67.00	94.00	92.00	331.00	82.75	文科生
马超	67.00	78.00	69.00	56.00	270.00	67.50	文科生
吕布	34.00	35.00	45.00	12.00	126.00	31.50	文科生
貂蝉	67.00	78.00	90.00	86.00	321.00	80.25	文科生
许褚	45.00	43.00	56.00	48.00	192.00	48.00	文科生
典韦	34.00	49.00	53.00	32.00	168.00	42.00	文科生
张辽	78.00	81.00	90.00	81.00	330.00	82.50	文科生
夏侯渊	67.00	73.00	56.00	61.00	257.00	64.25	文科生
周泰	45.00	41.00	55.00	51.50	192.50	48.13	文科生
徐盛	78.00	77.00	65.00	72.00	292.00	73.00	文科生
						文科生 计数	11

图 8.17   样张 sy8-3

　　(1) 按样张,设置表格标题,标题格式为楷体、30 磅、加粗、合并及居中,并加 15% 深色底纹图案。

　　(2) 计算总分和平均分。(必须用公式对表格进行运算)

　　(3) 统计分科意见(必须用公式对表格进行运算),统计规则如下:

总分>360:全能生

数理总分≥160:理科生

其他情况:文科生

　　(4) 按分科意见进行分类汇总,统计出各类学生的人数。

　　(5) 格式化表格的边框线和数值显示。

四、实验后思考

　　1. 在"分类汇总"对话框中有复选框"替换当前分类汇总",有什么含义? 应该如何使用?

　　2. 数据透视表在显示时如何将数据分页显示?

实验 9　PowerPoint 2010 基本操作(一)

一、实验目的

1. 掌握 PowerPoint 2010 的启动、熟悉 PowerPoint 2010 的工作界面。
2. 掌握创建演示文稿的基本过程、保存和放映、发布。
3. 掌握演示文稿的编辑、格式处理。
4. 掌握演示文稿的动画设置、超链接的概念及应用。

二、实验范例

打开配套文件 fl9. pptx,完成下列操作后,保存为"范例 9. pptx"。

(1) 将第 1 张幻灯片的背景设置为"白色大理石",并将该幻灯片的文字设置为粗体、黑体;将第 2 张幻灯片的背景预设为"碧海青天",并将该幻灯片的文字行距设置为 1.5 倍行距。

① 选定第 1 张幻灯片,单击功能区"设计"选项卡"背景"组右下角的箭头,打开"设置背景格式"对话框,在"填充"选项的列表中选择"图片或纹理填充",如图 9.1 所示,单击"纹理"右边的下拉箭头,在列表中选择"白色大理石"填充效果,如图 9.2 所示。此时幻灯片的背景修改为"白色大理石"。然后单击"关闭"按钮。

图 9.1　"设置背景格式"对话框

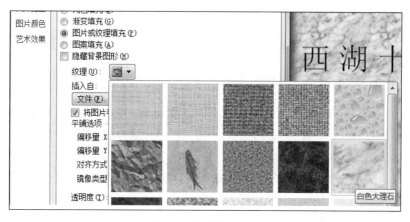

图 9.2　设置背景纹理

② 选中第 1 张幻灯片的文字,将文字按要求设置。

③ 选定第 2 张幻灯片,单击功能区"设计"选项卡"背景"组右下角的箭头,打开"设置背景格式"对话框,在"填充"选项的列表中选择"渐变填充",单击"预设颜色"右边的下拉箭头,并在列表中选择"碧海青天","方向"选择线性向下,然后单击"关闭"按钮,如图 9.3 所示。

图 9.3　设置渐变背景

④ 选中第 2 张幻灯片的文字,使之文本框的外框形式如图 9.4 所示,单击功能区"开始"选项卡下"段落"组右下角的箭头,打开"段落"对话框,按照图 9.5 进行设置,然后单击"确定"按钮。

(2) 设置第 2 张幻灯片的切换效果为中速、垂直百叶窗、伴收款机声音,并设置正文

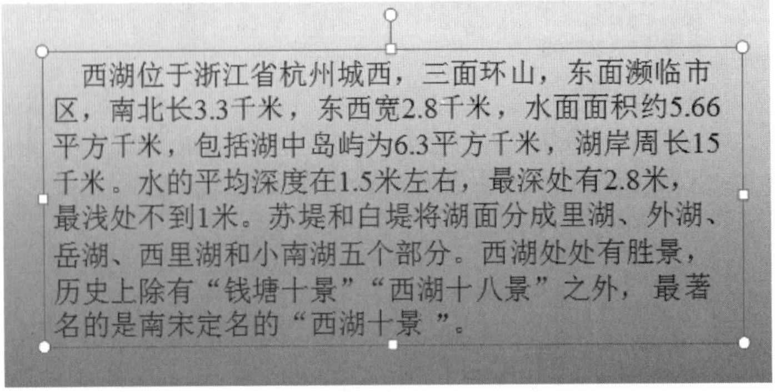

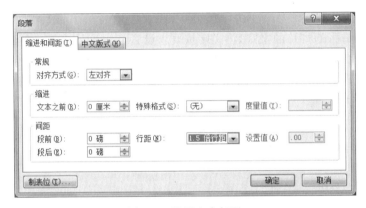

图9.4　整个文本的选定

图9.5　设置文本行距

整体从底部、中速、切入。

　　① 选定第 2 张幻灯片,单击功能区的"切换"选项卡,在"切换到此幻灯片"组中选择"百叶窗",单击"效果选项"按钮,在列表中选择"垂直";单击"声音"右边的下拉列表,选择"收款机";"持续时间"设置为 1 分 50 秒,如图 9.6 所示。

图9.6　幻灯片切换

　　② 选中第 2 张幻灯片的文字,使文本框的外框形式如图 9.4 所示,单击功能区"动画"选项卡"高级动画"组中的"添加动画"按钮,在打开的列表中选择"更多进入效果",打开"添加进入效果"对话框,如图 9.7 所示。在基本型选项中选择"切入",然后单击"确定"按钮。

　　③ 将功能区"动画"选项卡"计时"组中的"持续时间"设置为 2 秒,单击功能区"动画"

图 9.7   "添加进入效果"对话框

选项卡"动画"组中的"效果选项"按钮,在列表的"方向"选项中选择"自底部",如图 9.8 所示。

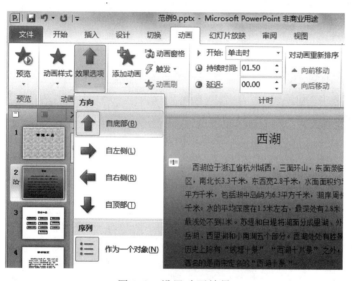

图 9.8   设置动画效果

(3) 在最后一张幻灯片中添加"动作"按钮;返回到第 1 张幻灯片;设置第 4 张幻灯片的放映顺序;说明文字"自左下中速飞入",然后标题"慢速旋转进入"。

① 选定最后一张幻灯片(第 13 张),单击功能区"插入"选项卡"插图"组中"形状"按钮下的箭头,在列表中的"动作按钮"选项中选择 ◄Ⅰ,在弹出的对话框中,如图 9.9 所示设置,然后单击"确定"按钮。

图 9.9　使用动作按钮

　　② 选定第 4 张幻灯片，先选择说明文字文本框，单击功能区"动画"选项卡"动画"中的"飞入"按钮，再单击"效果选项"按钮，在下拉列表中的"方向"选项中选择"自左下部"，如图 9.10 所示。

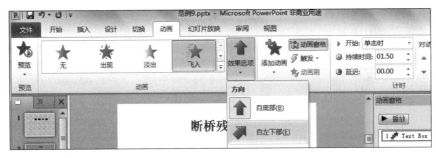

图 9.10　动画设置 1

　　③ 选择标题文本框，单击"添加动画"按钮，在列表中选择"旋转"，如图 9.11 所示。将计时设置为 3 秒。

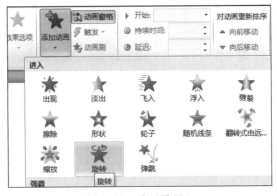

图 9.11　动画设置 2

（4）在第 3 张幻灯片中,将各个矩形框按标签名与相应的幻灯片建立链接。将超链接文字颜色设置为红色,已访问超链接文字颜色设置为蓝色。

① 选定第 3 张幻灯片,选择"断桥残雪"文字,单击功能区"插入"选项卡"链接"组中的"超链接"按钮,打开"编辑超链接"对话框中,按照图 9.12 进行设置。然后单击"确定"按钮。

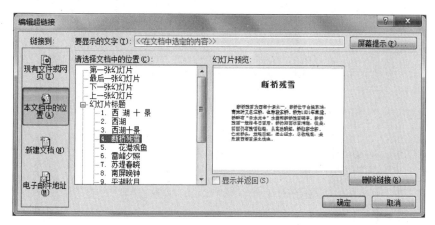

图 9.12 编辑超链接

② 参照上面步骤,依次对其他景点名称建立超链接。

③ 选定第 3 张幻灯片,单击功能区"设计"选项卡"主题"组中的"颜色"按钮右边的下拉箭头,在弹出的列表中选择"新建主题颜色",打开"新建主题颜色"对话框,如图 9.13 所示进行设置,单击"超链接"选项右边的下拉箭头,在主题颜色列表中选择红色,同样将"已访问的超链接"颜色设置为蓝色。然后单击"保存"按钮。

图 9.13 自定义主题颜色

（5）全部幻灯片在左下角显示幻灯片编号，在右上角显示播放日期。

① 单击功能区"视图"选项卡"母版视图"组中的"幻灯片母板"按钮，进入幻灯片母版设计，将数字区移到幻灯片的左下角，将时间与日期框移至幻灯片右上角，如图 9.14 所示。然后关闭母版视图。

图 9.14　母版样式

② 单击功能区"插入"选项卡"文本"组中的"页眉和页脚"按钮，然后按照图 9.15 将时间设定为"自动更新"，勾选"幻灯片编号"，最后单击"全部应用"按钮。

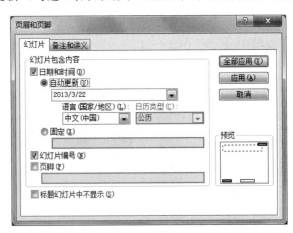

图 9.15　"页眉和页脚"对话框

（6）在最后插入一张"标题幻灯片"版式的新幻灯片，片中艺术字为"谢谢观赏"，选用样式库中第 4 行第 2 列的样式，字体为 44 磅、隶书，艺术字以"放大"效果自动慢速显示。

① 将光标置于所有幻灯片最后，可看见一条细线闪烁，单击功能区"开始"选项卡"幻

灯片"组中"新建幻灯片"下面的箭头,在列表中选择"仅标题"版式。

② 单击功能区"插入"选项卡"文本"组中"艺术字"下面的箭头,在列表中选择第 4 行第 2 列样式。

③ 输入文字"谢谢观赏",设置文字大小、字体。

④ 单击功能区"动画"选项卡下"添加动画"按钮,在列表的"强调"选项中选择"放大/缩小",并将"持续时间"设置为 3 秒。

⑤ 将编辑后的演示文稿保存为"范例 9. pptx"。

三、实验内容

1. 制作演示文稿介绍上海应用技术学院,分为几张幻灯片组成。第 1 张为标题,第 2 张为学院简介,第 3 张采用摘要幻灯片形式列出 3～4 个校园风景(如教学楼、宿舍、食堂等),第 4～7 张具体介绍第 3 张中的校园风景(可到校园网上搜索照片或文字)。要求:统一演示文稿的风格(背景、应用设计模板、切换方式、字体等),第 3 张利用超链接到第 4～7 张,最后添加结束幻灯片。完成后保存为"实验 9-1. pptx"。

2. 制作演示文稿介绍本专业的特色(标题＋内容至少 3 张)。完成后保存为"实验 9-2. pptx"。要求:

(1) 查找相关资料,编辑文字,采用不同的字体、字号、颜色、形状等。

(2) 添加不同的对象(图形、图表、超链接等)至少 2 种。

(3) 设置每张幻灯片的切换效果,对幻灯片中的文字添加动画效果。

(4) 利用幻灯片母版给每张幻灯片编号并显示。

四、实验后思考

1. 幻灯片中插入公式后如何调整大小?

2. 如何使幻灯片中的文字闪烁不停?

实验 10　PowerPoint 2010 基本操作(二)

一、实验目的

1. 掌握在演示文稿中插入各种对象(如艺术字、图表等)。
2. 掌握多媒体在演示文稿中的应用。
3. 掌握制作个性化演示文稿的方法。

二、实验范例

利用相册功能制作实现各类图片的展示。完成后保存为"范例 10. pptx"。

(1) 启动 PowerPoint 2010 应用程序,单击功能区"插入"选项卡"图像"组中"相册"下面的箭头,在列表中选择"新建相册",打开"相册"对话框,如图 10.1 所示。

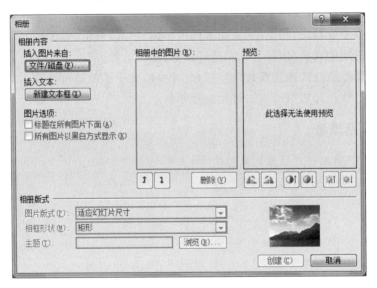

图 10.1　"相册"对话框

(2) 单击"文件/磁盘"按钮,打开"插入新图片"对话框,选择需要插入的图片文件后单击"插入"按钮,返回上层对话框,这时看到图片添加到"相册中的图片"框中。

(3) 单击"图片版式"的下拉箭头,在列表中选择图片在相册中的版式,这里选择"2 张图片(带标题)",如图 10.2 所示。

(4) 在"相框形状"的下拉列表中选择"居中矩形阴影",如图 10.2 所示。

(5) 单击主题右边的"浏览"按钮,打开"选择主题"对话框,选择相册主题后确定应用到相册,如图 10.3 所示。

图 10.2　相册选项的设置

图 10.3　选择相册主题

(6)选中"相册中的图片"列表中的图片,可以改变图片的先后顺序或者翻转、明暗度等设置。

(7)选中第一个图片,单击"新建文本框"按钮,可以看到图片下添加了一个文本框,如图 10.4 所示。

(8)为后面 2 张图片添加文本框后,单击"创建"按钮。

(9)在相册的文本框中添加需要的文字(文字在配套的文件"花卉.docx"中),效果如图 10.5 所示。

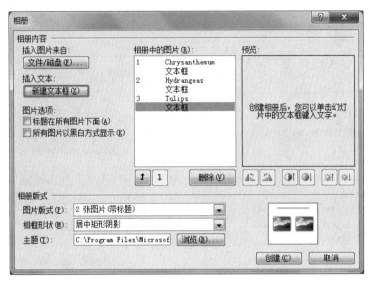

图 10.4 添加文本框

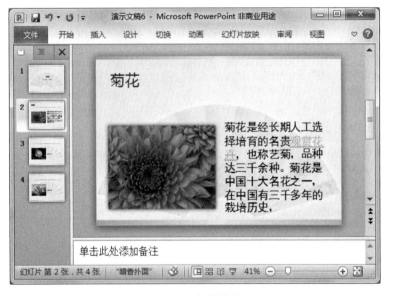

图 10.5 相册效果

(10) 将编辑好的文稿保存为"范例 10.pptx"。

三、实验内容

1. 制作一个有 4 张幻灯片的演示文稿"我的简历",要求如下。

(1) 第 1 张幻灯片:标题、副标题分别采用不同的颜色,设置不同的字体、字号,选择合适的模板,输入文字,介绍自己的个人信息。

(2) 第 2~4 张幻灯片:按照第 1 张的方法,分别制作第 2 张幻灯片(介绍受教育经历)、第 3 张幻灯片(介绍自己的爱好)、第 4 张幻灯片(介绍自己的家乡或家庭)。

(3) 为每张幻灯片的文字设置不同的动画效果,并设置不同的切换效果,第 1 张幻灯片单独使用一种模板,2～4 张采用相同的模板,可适当插入图形作修饰。

(4) 完成后,保存文件为"实验 10-1. pptx"。

2. 制作一个演讲用的演示文稿"如何度过四年大学生活",要求如下。

(1) 选择素材并输入文字。

(2) 选择合适的模板,统一演示文稿的风格。

(3) 编辑幻灯片,并设置动画效果和切换效果。

(4) 添加多媒体的对象,设置背景音乐。

(5) 完成后,保存文件为"实验 10-2. pptx"。

四、实验后思考

1. 在演示文稿中怎样插入不同位置的页码?

2. 如何使幻灯片中的两幅图片同时动作?

实验 11   Internet 应用

一、实验目的

1. 了解与 Internet 相关的基本概念。
2. 理解各项网络配置信息的含义,掌握设置和修改网络配置、如何实现资源共享。
3. 掌握用搜索引擎在 Internet 上查询信息的方法及下载所需信息的方法。
4. 掌握电子邮件的使用方法。
5. 使用 FTP 传送数据文件。

二、实验范例

1. 查看计算机的网络配置信息

(1) 打开"控制面板"|"网络和 Internet 连接"|"网上邻居",打开"查看工作组计算机"对话框。

(2) 选择"标识"选项卡,记录计算机名、工作组等。

(3) 打开"配置"选项卡,在已安装的网络组件中选择 TCP/IP,单击"属性"按钮,记录所在计算机的 IP 地址、网关和域名服务器。

(4) 打开访问控制选项卡,选择访问控制类型。

2. Internet 属性的设置

打开"控制面板"|"网络和 Internet 连接"|"Internet 选项",进行有关 Internet 的安全、连接等属性的设置。

3. 网上邻居的用途

(1) 设置共享资源

在 D 盘新建一个文件夹"我的共享文件夹";右击该文件夹,打开"共享"对话框;对共享名、访问类型和密码等进行设置。

(2) 使用网上邻居浏览资源

进入"网上邻居",可以浏览工作组中的计算机和网上的全部计算机,双击某个计算机图标,可查看该计算机上的共享文件夹和打印信息等。有两种权限访问网络上其他用户允许共享的资源: 只读访问权限和完全访问权限。

4. IE 浏览器的基本使用方法

(1) 利用"开始"菜单启动 IE 浏览器。

(2) 输入网址(URL)浏览具体的页面信息,按 Enter 键,观察浏览器窗口右上角的 IE 标志,窗口左下方出现一个运动的进度条,用于表明该页面下载的进度。

(3) 单击工具栏中的"停止"按钮,可以终止当前正在进行的操作。

（4）利用超链接功能在网上漫游：将鼠标指针指向具有超链接功能的内容时，鼠标指针变为手形，单击，进入该链接所指向的网页。

（5）在已经浏览过的网址之间跳转：最常用的方法是单击工具栏中的"后退"按钮和"前进"按钮。

（6）保存当前页面信息：使用"文件"菜单中的"另存为"命令，将当前页面信息保存在本地机中。

（7）保存页面中的图像或动画：右击页面中的图像或动画，在弹出的快捷菜单中，选择"另存为"命令，然后在"保存图片"对话框中，指定保存的位置和文件名，最后单击"保存"按钮即可完成。

（8）将网址添加到收藏夹：选择"收藏"菜单中的"添加到收藏夹"命令，可将当前浏览的页面网址加入收藏夹。

5. 使用软件工具 Outlook Express 收发电子邮件

（1）配置电子邮箱。

（2）邮件的发送。

① 单击工具栏中的"新邮件"按钮，打开新邮件的撰写窗口。

② 在"收件人""抄送""密件抄送"框中输入每个收件人的电子邮件地址，不同的电子邮件地址用逗号或分号分开。

③ 在主题框中输入邮件标题。

④ 在文本编辑区输入邮件的内容。

⑤ 单击"插入文件"按钮，在弹出的"文件选择"对话框中，选择要附带的文件，然后单击"附加"按钮，被选中的文件将以附件方式，随同邮件一起发送给收件人。

（3）邮件的接收：双击"收件箱"图标，查看是否有新邮件到达。

（4）邮件的回复和转发。

① 邮件回复：选中要回复的邮件，单击工具条中的"回复作者"按钮，打开"回复邮件"窗口，此过程类似邮件的发送，只是不需输入收件人地址。

② 邮件转发：单击工具条中的"转发邮件"按钮，打开"转发邮件"窗口，其中邮件标题和内容已经写好，只需填写收件人地址。这样即可把邮件发给第三方。

6. 文件传输协议 FTP（三种类型的 FTP 程序）

（1）命令方式。

（2）窗口方式：使用 FTP 工具，如 Cute-Ftp。

（3）WWW 浏览器：在 IE 中进行 FTP 操作。

三、实验内容

1. 用 Word 编辑一个文件，文件名用"你的学号＋姓名＋A. doc"，内容的标题为"致授课教师的一封信"，内容为：实事求是地向授课教师指出本门课程在教学方面你认为存在的，还需要改进的一些问题，并向他提出如何解决这些问题的若干建议。要求这封信的正文字数不得少于 300 个字，并请注意按信件的标准格式（字体要求：标题为三号楷体,正文为四号宋体,段落行间距为 1.5 倍)。

2. 通过网络从任意网站查询最近 6 个月以来登录的有关"上海应用技术学院"的新闻、媒体报道或评论文章任意 5 篇(来自上海应用技术学院自己网站上的有关内容不计算在内),然后使用表格形式列出这 5 篇文章的标题、作者姓名、发表网站名称和登载时间。最后用"你的学号＋姓名＋B.doc"为文件名保存这个表格,表格的标题为"上海应用技术学院近期新闻媒体报道"(字体要求:表格标题为小三号仿宋体;表格内容为小四号宋体,行高为 1.5 厘米)。

3. 建立一个子目录,目录名为"你的学号＋姓名＋(11)",将实验内容 1 和 2 所建的两个文件复制到该子目录中,并将子目录压缩成 WinRAR 压缩文件,文件名为"你的学号＋姓名＋(11).rar";撰写本实验报告,文件名为"你的学号＋姓名＋(11).doc"。

4. 将压缩文件和实验报告两个文件一同以附件的形式发送到授课教师的E-mail 信箱,同时抄送给另一个电子邮箱(邮箱地址由授课教师另给)。邮件的主题是:"计算机导论"课程的建议和上海应用技术学院的新闻。邮件的正文为"我的建议"和"学院的新闻",见本邮件的两个附件。

四、实验后思考

1. 实验后有何体会和收获?

2. 列举 Internet 在各行业中的应用情况。

实验 12　VB. NET 程序设计基础

一、实验目的

1. 掌握表达式、赋值语句的正确书写规则。
2. 掌握常用函数的使用。
3. 掌握 InputBox 与 MsgBox 的使用。
4. 掌握逻辑表达式、关系表达式的正确书写格式。
5. 掌握单分支与双分支条件语句的使用。
6. 掌握多分支条件语句的使用。
7. 掌握情况语句的使用及与多分支条件语句的区别。
8. 掌握 For 语句的使用。
9. 掌握 Do 语句的使用。
10. 掌握如何控制单重循环的条件,防止死循环或不循环。
11. 掌握 For…Next 语句、While…End While 语句和 Do…Loop 语句的嵌套使用。
12. 掌握多重循环的规则和程序设计方法。

二、实验范例

编写一个华氏温度与摄氏温度之间转换的程序,运行界面如图 12.1 所示,转换显示,保留 2 位小数。

图 12.1　范例运行界面

代码如下:

```
Public Class Form1
    Dim f!, c!
    Private Sub Button1_Click(ByVal sender As System.Object, _
        ByVal e As System.EventArgs) Handles Button1.Click
        f=TextBox1.Text
        c=5/9 * (f-32)
        TextBox2.Text=Format(c, "0.00")
    End Sub
```

```
Private Sub Button2_Click(ByVal sender As System.Object, _
    ByVal e As System.EventArgs) Handles Button2.Click
    c=TextBox2.Text
    f=9/5 * c+32
    TextBox1.Text=Format(f, "0.00")
End Sub

Private Sub Form1_Click(ByVal sender As Object, _
    ByVal e As System.EventArgs) Handles Me.Click
    TextBox1.Text=""
    TextBox2.Text=""
End Sub
End Class
```

运行结果如图 12.2 所示。

图 12.2 范例运行结果

三、实验内容

1. 输入长、宽,计算长方形的周长和圆面积。

2. 编一模拟袖珍计算器的完整程序,自行设计界面。要求:输入两个操作数和一个操作符,根据操作符决定所做的运算。

提示:

(1) 为了程序运行正确,对存放操作符的文本框 TextBox3,应使用 Trim(TextBox3. Text)函数,去除运算符两边的空格。

(2) 根据存放操作符的文本框,利用 Select Case 语句实现。

3. 计算 π 的近似值,π 的计算公式为:利用 InputBox 函数输入项数,用 MsgBox 输出 π 的近似值。

$$\pi = 2 \times \frac{2^2}{1 \times 3} \times \frac{4^2}{3 \times 5} \times \frac{6^2}{5 \times 7} \times \cdots \times \frac{(2 \times n)^2}{(2n-1) \times (2n+1)}$$

4. 编写程序,在窗体中输出如下所示的数列。

1

222

33333

4444444

参考文献

[1] 袁建清,修建新. 大学计算机应用基础[M]. 北京:机械工业出版社,2009.

[2] 崔淼,曾赟,李斌. 计算机工具软件使用教程[M]. 北京:清华大学出版社,2009.

[3] 黄国兴,陶树平,丁岳伟. 计算机导论[M]. 北京:清华大学出版社,2004.

[4] 周奇,梁宇滔. 计算机网络技术基础应用教程[M]. 北京:清华大学出版社,2009.

[5] 部绍海,黄琼,刘忠云. 实训教程常用工具软件[M]. 北京:航空工业出版社,2010.

[6] 王昆仑,赵洪涌. 计算机科学与技术导论[M]. 北京:中国林业出版社,北京大学出版社,2006.

[7] 祁享年. 计算机导论[M]. 北京:科学出版社,2005.

[8] 杜俊俐. 计算机导论[M]. 北京:中国铁道出版社,2006.

[9] 吕云翔,王洋,胡斌. 计算机导论实践教程[M]. 北京:人民邮电出版社,2008.

[10] 陈叶芳. 计算机导论实验教程[M]. 北京:科学出版社,2005.

[11] 詹国华. 大学计算机应用基础实验教程[M]. 北京:清华大学出版社,2007.

[12] 李宁,等. 计算机导论实验指导[M]. 北京:清华大学出版社,2009.

[13] 袁春华,赵彦凯. 新编计算机应用基础案例教程[M]. 长春:吉林大学出版社,2011.